保护地园艺生产新技术丛书

冬瓜保护地栽培

温景文　编著

金盾出版社

内 容 提 要

本书介绍了冬瓜的生物学基础、保护地设施、茬口安排、育苗、定植及管理、病虫害防治以及采收与贮藏。内容科学实用,通俗易懂,适合广大菜农阅读。

图书在版编目(CIP)数据

冬瓜保护地栽培/温景文编著. —北京:金盾出版社,2001.9
(保护地园艺生产新技术丛书/吴国兴主编)
ISBN 978-7-5082-1686-7

Ⅰ.冬… Ⅱ.温… Ⅲ.冬瓜-保护地栽培 Ⅳ.S626

中国版本图书馆 CIP 数据核字(2001)第 058556 号

金盾出版社出版、总发行
北京太平路 5 号(地铁万寿路站往南)
邮政编码:100036 电话:68214039 83219215
传真:68276683 网址:www.jdcbs.cn
封面印刷:国防工业出版社印刷厂
正文印刷:北京四环科技印刷厂
装订:海波装订厂
各地新华书店经销

开本:787×1092 1/32 印张:3.625 字数:77 千字
2009 年 2 月第 1 版第 4 次印刷
印数:27001—37000 册 定价:6.00 元

目 录

《丛书》适用范围为长江以北地区，长江以南地区可作参考。主要读者对象是从事保护地园艺生产的农民、基层农业技术推广人员，也可作为农业院校学生的参考书。《丛书》的编写参考了有关学者、专家的著作资料，在此一并表示感谢！由于时间仓促和水平所限，书中错误、疏漏和不当之处在所难免，恳请专家、学者和广大读者批评指正。

编 委 会

2001 年 4 月

前　言

我国即将加入世界贸易组织。“入世”后，劳动生产率低下的粮食、棉花、油料、食糖等生产，其产品在国际市场竞争中将处于劣势，而蔬菜、水果和花卉生产，特别是保护地园艺等劳动密集型、技术密集型产业，由于产品的价位和生产成本远远低于世界水平，则会处于相对有利的竞争地位。

改革开放以来，在党的富民政策指引下，保护地园艺生产迅速发展起来，成了农民脱贫致富、奔向小康的新兴产业。在农业产业结构调整中，保护地园艺生产规模不断扩大，栽培种类也越来越多。然而，保护地园艺生产技术性强，很多农民朋友尚缺乏经验，对各种保护地设施的类型、建造、小气候特点，园艺作物的生育规律，配套的栽培技术等亟需了解和掌握。为此，我们组织一批理论造诣较深、实践经验丰富的专家和园艺科技工作者，编写了《保护地园艺生产新技术丛书》。《丛书》共30册。其中，保护地设施类型与建造1册，蔬菜18册，果树6册，花卉5册。各册自成体系，从应用的保护地设施类型、建造、环境特点，到一种或一类园艺作物的配套栽培技术，均进行了系统、全面的介绍。为了便于农民朋友理解和掌握，《丛书》采用问答形式，各册把设施建造和栽培技术归纳成问题100个左右，逐题进行解答。《丛书》力求反映最新科技成果，客观介绍高产典型经验，认真探索生产上迫切需要解决的问题。在理论上贴近生产，深入浅出；在内容上系统完整，重点突出；在技术上集成创新，重视可操作性；在表述上简明扼要，通俗易懂；使农民朋友看了能懂，照着做能获得较好效益。

一、概　述

1. 为什么说冬瓜的营养价值和经济价值较高？

冬瓜是高产的果菜类蔬菜，果实含水量大，味较清淡，富含维生素C和少量的糖，做菜做馅，别有风味，尤其是冬瓜汤更为清鲜爽口。

冬瓜具有消暑解热、止咳、利尿的医疗功效，深受广大消费者欢迎。

冬瓜不但适应性强，而且产量高。果实成熟后，耐贮藏耐运输。露地栽培，主要在夏秋蔬菜淡季上市。经过贮藏，可一直供应到春节。

随着人民生活水平的提高，对反季节超时令蔬菜的需求不断提高，多种蔬菜实现周年生产和周年供应。冬瓜在早春和初夏上市，受到广大消费者欢迎。利用日光温室和塑料大棚进行反季节栽培，季节差价比较明显，可获得较好的经济效益。

2. 冬瓜反季节栽培的前景是怎样的？

冬瓜喜温耐热，生育期较长，从播种到采收，历时4个月左右。长期以来，北方广大地区在初夏终霜以后播种冬瓜，秋季收获，在蔬菜淡季上市。

20世纪60年代以来，冬瓜栽培实行育苗移栽，缩短了田间生育期，采收期提早到7月末8月初，还可倒地播种大白菜，提高复种指数，增加经济效益，但是春夏季节仍是冬瓜供应空白时期。90年代以来，由于菜篮子工程的实施，各种保护地设施迅速发展，多种蔬菜实现了周年生产和周年供应，特别是近年反季节栽培出现了大众蔬菜区域性、季节性过剩。为了改变这种状况，开始向增加花色品种方向发展，利用日光温室和塑料大中小棚栽培冬瓜，填补了春夏季冬瓜供应的空白，取得了较好的经济效益。目前，已经筛选出适于保护地栽培的冬瓜品种，完善了栽培技术，冬瓜的保护地栽培将很快发展起来。

3. 冬瓜的根系有何特性？

冬瓜属深根性作物，其根系由主根和须根组成。直播栽培时，主根可深入土层1～1.5米。育苗移栽，由于主根受到损伤，促进了侧根的发育，大量的侧根和须根分布在1.5～2.5米深的土层内，横向扩展可达1.5～2米。

冬瓜根系具有趋肥、趋水和趋氧性，土壤疏松，有机质较多而潮湿的近地表层，根系的分布往往比较密集。栽培中增施农家肥，深翻细耙，合理灌溉，加强中耕，可以促进根系发育，提高吸收功能。

冬瓜反季节栽培需要育苗移栽，利用容器育苗，这对于加强根系保护很有益处。

冬瓜茎蔓的各节上都能发生不定根，栽培时通过压蔓、培土等措施，可促进不定根的发生，扩大根系的吸收面积，对夺取高产有利。

4. 冬瓜的茎、叶有何特征特性？

冬瓜属于攀缘性植物，茎蔓性无限生长。茎蔓上有节，初生的茎节只有1个腋芽，抽蔓后每个叶节都潜伏着腋芽、花芽、卷须。冬瓜的萌芽力很强，几乎节节都有腋芽萌发的侧枝蔓。花芽有雌雄之分，卷须起攀缘作用。在栽培时，需要通过一系列的整枝技术来协调植株的茎蔓与结果的关系。

冬瓜的叶片呈掌状,形似黄瓜叶片,但叶片比黄瓜叶小,色暗绿,表面密生刺毛。叶面积在温度较低时增加缓慢,随着温度的升高,叶片的分化,叶面积的增加明显加快。正在旺盛生长的植株,一般1天可以分化出1个小叶片,3天就能形成1个功能叶,功能叶具有旺盛的光合作用能力。

在反季节栽培过程中,调节好环境条件,保护好功能叶,尽量延长功能叶寿命,是夺取高产的重要一环。

5. 冬瓜的花有何特点?

冬瓜是雌雄同株异花作物,多数只有单性花,少数品种是两性花,如北京一串铃冬瓜,花柱上的雌蕊和雄蕊都有授粉功能。

冬瓜先出现雄花,后出现雌花,雌雄花都在早晨开放,晴天在7～9时,阴天湿度大时,或温度低时,延迟到10时左右。冬季的花期比较短,开花24小时后花冠凋谢,柱头变褐,花粉失去发芽能力。冬瓜是虫媒花,冬季早春日光温室和塑料大棚栽培,必须人工授粉,在花盛开时进行。

冬瓜第一雌花出现的早晚,与品种和环境条件都有关系。大型冬瓜早熟品种6～9节出现第一雌花,中晚熟品种15～20节才见雌花。小型冬瓜,早熟品种3～5节出现雌花,以后隔1～3节连续出现雌花。

6. 冬瓜的果实有何特征特性?

冬瓜的果实多为圆筒形,短圆筒形,也有扁圆形的。果实为瓠果,可分为大果型和小果型。大果型冬瓜单瓜重10～15千克,最大的可达30千克;小果型冬瓜只有1～2千克。

冬瓜果实的商品成熟度与生理成熟度是一致的，越是充分成熟的果实品质越好，也最耐贮藏。

冬瓜的幼瓜果面上先长茸毛，随着果实的成熟，茸毛逐渐脱掉而出现1层白粉。俗语说“老冬瓜上灰”，说明冬瓜成熟越充分白粉越多，果质越硬，呼吸强度越低，水分蒸腾越少，因而更耐贮藏。

另外，有的冬瓜呈绿色，果面有蜡质和刺毛，没有蜡粉。抗病性较强，晚熟。果型较大，产量比较高，肉质比较松软，但耐贮藏的能力不如有白粉的冬瓜品种。

7. 冬瓜的种子有何特征特性？

冬瓜果实有两个类型，其种子形状也不相同。有白粉的果实，种子较厚，周围圆形，黄白色，种皮厚而不坚实，由厚壁细胞和海绵柔软细胞组成，种皮透过水分和氧气的能力较差，发芽比较困难。绿皮冬瓜的种子很薄，周边有棱，容易发芽。

北方栽培冬瓜，不论露地栽培或保护地栽培，多选用果实表面带白粉的品种，但育苗时催芽比较困难。为了促进发芽，有人把种子嗑开口再浸种催芽，但是发芽率不高，原因是种皮内部有抑制发芽的物质，浸种催芽过程中即使水分、温度比较适宜，也迟迟不发芽，而播到土壤中却能发芽，这是由于抑制物质在土壤中经过一定的时间就可以消失。所以，冬瓜在细沙中催芽，出芽迅速而整齐。

冬瓜种子的发芽年限为4～5年，但第三年发芽率严重下降，只有30%～40%。一般多使用1～2年的种子。

8. 冬瓜的生育周期分几个时期？各有何特点？

冬瓜生育周期包括发芽期、幼苗期、抽蔓期和开花结果期等 4 个时期。

(1)**发芽期** 从种子萌动到第一片真叶出现为发芽期。冬瓜种子发芽与其他瓜类相比，需要水分多，吸水慢，要求温度高。据资料介绍，在 30℃条件下，冬瓜吸水达到饱和程度需 37 小时，吸水量为种子干重的 180%。发芽的适宜温度为 30℃～35℃，温度为 25℃左右时发芽不整齐。

(2)**幼苗期** 从第一片真叶出现到第六、第七片真叶出现，开始发生卷须为幼苗期。幼苗期根系生长快。地温 25℃～30℃，土壤相对含水量为 60%～80%，土壤中含有容易分解和吸收的营养物质，是促进根系发生和发展的必要条件。

幼苗期的长短，与温度条件关系密切，20℃～25℃历时 25～30 天，15℃左右时需 40～50 天。幼苗期营养生长和生殖生长几乎是同时进行的。较低的夜温和短日照有利于雌花分化，但日照过短又会出现叶色淡、上胚轴细长、雌花数少、发生节位高、花器小的现象。所以，苗期管理要增加光照。用乙烯利喷布叶面，效果较好。乙烯利浓度为 100 ppm。

(3)**抽蔓期** 从幼苗具有 6～7 片真叶，开始抽生卷须，到雌花现蕾为抽蔓期。抽蔓不久，由于节间和叶片不断增长，茎蔓由直立转为匍匐生长，植株的生长中心是扩大叶面积，分化新叶片和发生侧蔓，加快营养生长。这时，如果氮肥不足，叶片小、色淡而薄，将影响花的形成，已形成的小果也容易脱落。

抽蔓期的长短与品种有关。早熟品种雌花发生节位低，抽蔓期短；中晚熟品种抽蔓期长，有的达到 30～35 天。

(4)**开花结果期** 从雌花开放到果实成熟为开花结果期。此期由以蔓生长为主，转为以开花结果为主，但茎叶生长还在继续。

早熟品种从开花到果实成熟需 21～25 天，连续采收期

50～70天，全生育期4个多月。果实的发育可分为3个阶段。

果实发育初期：果柄弯曲下垂，俗称“弯脖”。表明果实已经坐住，但是由于此时茎叶仍继续生长，与之争夺养分。遇到连阴天，或因保护地温度低，或因养分不足、干旱等条件，都有化瓜的可能，所以这段时间需加强管理。

果实发育中期：果实急剧膨大，此期需肥需水量最大，应加强肥水管理。

果实发育后期：果实体积膨大逐渐停止，转入干物质积累时期，种子正在发育。棚室生产的冬瓜在成熟时，应立即采收，以免种子发育消耗较多养分，影响上部果实膨大。

9. 冬瓜的生长发育有哪些特点？

冬瓜主蔓的生长主要是在开花结果期，其间的生长量占70%以上，日平均增长9厘米左右。其次是抽蔓期，生产量占25%。幼苗期占2%左右，发芽期占1%以下。

叶的生长与叶面积的形成，发芽期和幼苗期叶片最小，抽蔓期叶片较大，开花期发生的叶片最大。抽蔓期以前所形成的叶片面积占总面积的15%左右，大部分叶面积是在开花结果以后形成的，开花结果初期迅速扩大。开始结果后，由于果实的发育要吸收一部分养分，所以叶面积的增加速度开始减慢。早熟品种由于结果早，影响叶面积的发展。为了保持适当的叶面积，以保障果实的发育，必须加强肥水管理，调节好温、湿度和光照，保护好叶片。

冬瓜在幼苗期进行花芽分化，主蔓上发生雄花早，雌花晚，侧蔓上雌花发生早。

棚室栽培冬瓜宜选用早熟品种，这样能多结瓜，多次采收，以延长采收期，增加产量。开花后3周内果实膨大、增重，果肉加厚比较快，一般 25 天即可达到商品成熟。

10. 冬瓜对光照有什么要求？

冬瓜属于短日照作物。幼苗期低夜温和短日照有利于雌花分化，这一特性对于冬季、早春育苗是有利的。但是，冬瓜的多数品种对日照时数的要求不严格。

冬瓜不如黄瓜耐弱光，整个生育期要求日照时间较长。光照强，才能生育正常，所以冬季生产难度较大，不像黄瓜、西葫芦那样具有对短日照和较弱光照的适应性。所以，利用日光温室进行越冬栽培效果较差。

棚室栽培冬瓜密度不宜过大，还要引蔓上架，及时整枝，否则，会造成光照不良引起化瓜。

11. 冬瓜对温度有什么要求？

冬瓜是喜温耐热蔬菜，生育期间处在高温强光下表现良好。北方无霜期短，露地栽培冬瓜不容易获得高产。

冬瓜植株生长适宜温度为 23℃～32℃，在 40℃的条件下也有较强的同化功能。在棚室中塑料薄膜覆盖的高温条件下，可以安全度过短时间 50℃的高温。植株对低温的忍耐能力，和低温时间长短有密切的关系。经过低温炼苗，可能忍受 3℃～5℃的低温和短暂的 2℃～3℃低温。但是低温时间长了会发生寒根和沤根，地上部出现低温冷害的症状，形成小老苗。长期低于 15℃，叶片绿色减褪，影响开花授粉，即使坐果发育也慢；如再遇到阴天，光照差，瓜纽会黄化萎缩脱落，致使植株逐渐死亡。

冬瓜忍受高温能力强，对低温适应能力弱。但长期温度过高会引起植株早衰，抗病能力下降。

冬瓜根系的伸长和根毛的发生，对最低温度的要求比其他瓜类高，根系伸长最低温度为12℃（黄瓜为8℃），根毛发生最低温度为16℃（黄瓜为12℃）。冬瓜的这一特性，决定了冬季在日光温室栽培比较困难，目前多在日光温室中设置温床育苗，进行反季节栽培。

12. 冬瓜对土壤水分和空气湿度有什么要求？

冬瓜原产于印度东部和我国的南部热带地区，在系统发育过程中形成了喜温、耐热、喜湿的特点。在夏季高温多雨、土壤水分充足、空气湿度较高的环境条件下，植株生长繁茂。

冬瓜根系发达，吸水能力强，但茎叶繁茂，蒸腾面积大，果实比较大，含水量多，所以消耗水分多，因此抗旱能力低。进行育苗移栽后，根系分布范围较浅，所以对土壤水分要求较高，特别是在开花结果期，必须供给充足的水分。

冬瓜对空气湿度要求也较高，在气温高、空气湿度大的条件下，有利于其开花结果。空气相对湿度以80％为适宜。

13. 冬瓜对土壤营养有什么要求？

冬瓜是一种对土壤要求不太严格的蔬菜，适应性比较广，一般土壤均可栽培。冬瓜喜肥，在疏松肥沃、透气性好的砂壤土上生长最为理想。冬瓜对氮、磷、钾的需求都比较高，每生产1 000千克商品冬瓜，需纯氮1.3～2.8千克，五氧化二磷0.6～1.2千克，全钾1.5～3千克。三者的比例为1∶0.4∶1.1。所以冬瓜栽培应多施有机肥，并结合追施速效氮、磷、钾肥。在一定的范围内，增施氮肥与主茎生长呈正相关；增施磷、钾肥，可以提高植株的抗逆性，并能延缓早熟品种的衰老。

各种肥料的养分含量和利用率见表1，表2，表3。

表 1　有机肥的养分含量表　（%）

肥料名称	有机质	氮	磷	钾
人粪尿	10	0.57	0.13	0.27
猪　粪	15	0.56	0.4	0.44
马　粪	21	0.58	0.3	0.24
牛栏粪	20.3	0.34	0.16	0.4
鸡　粪	25.5	1.63	1.54	0.85
羊　粪	31.8	0.83	0.23	0.67
大豆饼	—	7	1.23	2.13
芝麻饼	—	5	2	11.9
生骨粉	—	4.05	22.8	—
草木灰	—	—	1.13	4.61
土　粪	—	0.12～0.58	0.12～0.68	0.12～1.53
一般堆肥	1.52	0.4～0.5	0.18～0.26	0.45～0.7
一般厩肥	—	0.55	0.26	0.9

表 2　化肥的有效成分含量　（%）

肥料名称	氮	磷	钾
硫酸铵	21	—	—
尿　素	46	—	—
碳酸氢铵	17	—	—
磷酸二铵	12～18	46～52	—
过磷酸钙	—	12～18	45
硝酸钾	14	—	50
硫酸钾	—	—	—
重过磷酸钙	—	45	—
硝酸铵	34	—	—

表3 肥料利用率 (%)

肥料种类	利用率
氮　肥	40
磷　肥	20
钾　肥	50
有机肥	20

14. 冬瓜对气体条件有什么要求?

冬瓜对氧气的要求比较严格,特别是在种子发芽时,有时出芽困难,主要是由于缺乏氧气造成的。果实成熟后,果皮布满蜡粉的品种,种子的种皮较厚,并且由厚壁细胞和海绵柔软细胞组成,吸水较慢,吸水量特别大,一旦吸足水分以后,种皮充满了水,在种皮与种仁之间形成1层水膜,影响了透气性,造成缺氧而丧失发芽能力。所以,在浸种后要经过一段晾晒,在种皮干时再进行催芽。

冬瓜的根系对氧的要求比较严格。露地栽培时,伏雨季节排水不及时,地面积水数小时,就会使叶片萎蔫直至全株死亡。

保护地栽培完全靠人工灌溉,虽然不会涝死,但是也应增施有机肥,以提高土壤的通透性,并加强中耕或进行地膜覆盖。

15. 冬瓜有哪些类型和品种?

冬瓜按果实的大小,分为大果型品种和小果型品种。大果型品种适于露地栽培和小拱棚短期覆盖、地膜覆盖栽培。小果型品种适合日光温室和塑料大棚栽培。

大果型冬瓜植株生长势强,雌花出现晚,生育期长,适合露地匍匐栽培。小果型冬瓜植株较小，生育期短，适合棚室搭架或吊蔓栽培。

(1)**大果型冬瓜**　各地都有地方品种和科研单位育成的品种，适应性都比较强，地区之间引种都可正常生长发育，获得较高产量。

大果型品种果实有长圆筒形、短圆筒形两种类型。单瓜重最小的7～8千克，最大的30～40千克。晚熟。耐贮藏耐运输。产量高。

大果型冬瓜有以下主要品种。

小　青

小青冬瓜是上海市农业科学院蔬菜科学研究所育成的新品种。植株生长势较强，叶色深绿。主蔓第十二节着生第一朵雌花，以后每隔3节左右着生1朵雌花。瓜呈椭圆形，单瓜重约10千克，皮青绿色，上面生有浅绿色斑点，有白茸毛，肉质细致，品质好。早熟。比较抗病，耐贮藏。不耐日灼病。667平方米产量可达4 000千克左右。适宜小拱棚短期覆盖和地膜覆盖栽培。

巨丰1号

河南省兰考县阎楼蔬菜科学研究所从引进的品种中选育的新品种。植株生长势强，分枝多，蔓长可达9米，叶片心脏五角形。第一朵雌花着生在24～26节，以后每隔5～6节着生1朵雌花。瓜呈长筒形，长80厘米，横径40厘米，单瓜重40～50千克。最大可达80千克。瓜表皮青绿色，密布点条纹和白色花斑，表皮上有稀疏的白茸毛。皮薄，瓜肉厚9厘米。种子腔小，肉质细致，味稍甜。667平方米产量可达10 000～15 000千克。晚熟，耐肥，耐热，不耐涝，抗病性中等。

该品种晚熟，生长势强，667平方米可栽苗330～350株，行距 1.9～2 米，株距 1 米。

广东青皮

广东省南海市地方品种。植株生长势强。叶片大，深绿色。第一朵雌花着生于 15～19 节，以后每隔 5～7 节着生 1 朵雌花。果实长圆筒形，长 60～70 厘米，横径 25～30 厘米，一般单瓜重 10～15 千克，最大单瓜重可达 50 千克。瓜皮绿色，表面无蜡粉，但有蜡质和白色刺毛。瓜肉白色，厚 5～6 厘米，瓤小，籽少，肉质细密。抗病虫能力强。对肥水要求高。

车头冬瓜

北京地方品种。植株生长势强。叶片掌状，叶色深绿。以主蔓结瓜为主。第一朵雌花着生在 15～20 节，以后每隔 2～3 片叶着生 1 朵雌花。瓜呈方圆形略扁，中等大小，长 24～26 厘米，横径 30～35 厘米，单瓜重 7.5～10 千克。瓜皮灰绿色，有白色斑点，成熟时有白色蜡粉，并有少数针状刺毛。肉白色，厚约 5 厘米，纤维少，肉质较细密，品质佳。中晚熟品种。一般 667 平方米产量可达5 000～6 000千克。

该品种耐热耐贮运，喜肥水，不耐涝。高温多雨季节易染疫病和枯萎病。

青杂 1 号

湖南省长沙市蔬菜研究所育成的一代杂种。植株生长势强，第一雌花出现在主蔓 20～22 节，隔 6～7 节再出现雌花。瓜圆柱形，皮色深绿，光滑，被茸毛，肉厚，肉质细密，晚熟，品质好。单瓜重 15～20 千克，最大可达 30 千克。一般 667 平方米产量 4 000～6 000 千克。耐贮运，抗震，适应性广，抗病。种子千粒重 57～60 克。

该品种适于一条龙架式栽培，每 667 平方米栽苗1 700株左右。行距 80 厘米左右，株距 50 厘米。插小三角架，单蔓整枝，25～30 片叶时摘心。每株留 1～2 个瓜。

广西玉林石瓜

广西玉林地区的地方品种。植株生长势强，分枝力强。叶片掌状，深绿色，裂刻较深。主蔓长 4.5～5 米，18～22 节着生第一朵雌花。瓜长圆筒形，长 41 厘米，横径 25 厘米，瓜皮墨绿色，有蜡粉和少量刺毛。肉质细密，肉厚 6.5 厘米，白色。单瓜重 13～15 千克。适应性广，耐贮藏。667 平方米产量4 000～7 500 千克。

粉杂 1 号

湖南省长沙市蔬菜科学研究所育成的一代杂种。1991 年通过湖南省农作物品种审定委员会审定。植株生长势强，主蔓 18～20 节出现第一朵雌花，两雌花间隔 7～9 节。瓜呈长圆柱形，单瓜重 18～23 千克，最大可达 35 千克。瓜皮深绿色，密被蜡粉和茸毛，肉厚，肉质细密，味甜而面，品质佳。667 平方米产量可达 5 000～7 000 千克。中熟品种。较耐日灼，耐贫瘠，耐运输，适应性广，抗病性强，适宜南北各地栽培。667 平方米用种量 100 克左右，行距 1.2～1.3 米，株距 1 米。每 667 平方米栽苗 500～550 株。

后基冲

因湖南省株洲市农业科学研究所在后基冲村种植而得名，是优良的地方品种。植株生长势强，分枝多。叶片掌状五角形，深绿色。第一朵雌花着生在主蔓 24～26 节，以后每隔 5～6 节着生 1 朵雌花。瓜长筒形，顶部略下凹，长 80 厘米左右，横径 24 厘米左右。单瓜重 40～50 千克。瓜皮色青绿，布满点条纹和白色花斑，有瘤状突起和棱状沟线，有稀疏的白色刺毛，皮薄，瓜肉厚 9 厘米左右，肉质细密，品质优良，晚熟。667 平方米产量可达15 000～20 000千克。

该品种比较耐肥，耐热，抗病性强，但不耐涝。较耐贮藏，适应性广，适于南方栽培。

(2)小果型冬瓜　果实呈圆形或短圆筒形的品种较多，也有少数长圆筒形品种。

在日光温室或塑料大棚栽培，因上市期间价位较高，需要选择早熟、果型小、结果数量多的品种，不宜选用大果型品种。

冬瓜棚室栽培起步较晚。近年生产实践表明，以下小果型冬瓜品种比较适宜棚室栽培。

一串铃

一串铃冬瓜是北京地方品种。植株生长势中等。叶片掌状，深绿色。以主蔓结瓜为主，第一雌花着生在4～6节，以后每隔1～3节着生1朵雌花。雌花节率较高。瓜为短圆筒状，瓜型较小。瓜长18～20厘米，横径18～24厘米，单瓜重1～1.5千克。瓜皮青绿色，成熟后有白色蜡粉，瓜肉厚3～4厘米，白色，纤维含量少，品质中等偏上。早熟。耐寒性较强，耐热性中等，不耐涝。适合东北、华北地区进行棚室栽培。

棚室栽培可采取单蔓整枝，搭架或吊蔓栽培，行距50厘米，株距33厘米。每667平方米大棚栽苗4 000株左右，日光温室栽苗3 700株左右。

一串铃3号

中国农业科学院蔬菜花卉科学研究所从一串铃地方品种中系统选育而成。

早熟，生长势中等，生长期短。雌花出现早，节成性强。第一朵雌花出现于6～9节，隔3～5节可结1个瓜。侧枝也有较强的结瓜性，并可连续出现雌花。瓜扁圆形，皮青绿色，被有白粉，表面有棱，瓜肉白色，种子较少。单瓜重1～2千克。适于棚室插架或吊蔓栽培。每株可采收5～6个瓜。

棚室栽培行距60～70厘米，株距35～40厘米。每667平方米栽苗2 500～2 700株，产量2 500～3 000千克。

一串铃4号

中国农业科学院蔬菜花卉科学研究所从一串铃地方品种中系统选育而成。叶片掌状，节间较短，植株生长势中等。第一朵雌花着生节位为6～9节，以后每隔2～4片叶可结1个瓜，有连续出现雌花的特性，侧蔓也能结瓜。侧蔓抽生2～3节即可出现雌花。瓜高桩形，底部略大，瓜皮青绿色，表面被有白粉。单瓜重1～2千克，商品性好。667平方米产量可达2 000～3 000千克。

该品种生育期为90～120天，苗龄40～45天，从定植到采收需45～50天。棚室栽培，可根据设施的温光性能安排茬口。

早熟米

四川省农业科学院园艺种苗研究中心选育的新品种。植株生长势中等。主蔓长3～5米，节间长8～10厘米。叶片五角形掌状，浅裂，绿色。第一朵雌花着生在3～4节，雌花多，结瓜密。瓜圆柱形，瓜长30～40厘米，横径20～25厘米。嫩瓜单瓜重2～3千克。瓜皮青绿色，表皮平滑，肉厚3～4厘米，白色，肉质细密，味稍甜，品质优良。每株结瓜2～4个。早熟，从定植到始收50天左右。抗病性强。667平方米产量3 000千克以上。

适合棚室栽培的小果型冬瓜，还有许多地方品种，如天津一串铃、太原一串铃，从植株长势到果实的形状、大小，与北京一串铃无明显差别。此外，还有吉林小冬瓜、济南扁冬瓜和成都五味子等，都比较适宜棚室栽培。

日光温室和塑料大棚栽培冬瓜，可根据市场的需求选择品种。

二、茬口安排

16. 日光温室栽培冬瓜怎样安排茬口？

冬瓜对光照和温度要求严格。露地常规栽培的冬瓜，霜冻前采收，可贮藏到春节，所以没有必要进行秋冬茬冬瓜栽培，因为越冬栽培有困难。所以，应该把冬瓜的生育和结果期安排在当地日光温室光照条件较好、温度较高的时期。

利用温光性能较好的日光温室栽培冬瓜时，最好在当地旬平均气温达到－2℃～－1℃时定植，由此向前推算45天的育苗期，由南到北依次是12月中下旬到翌年1月中下旬，而且日光温室内极端最低气温要保持在8℃以上，并应利用高垄覆盖地膜、扣小拱棚、张挂反光幕增温。

日光温室上茬可栽培秋冬连续生产的韭菜，收获后刨除韭根定植冬瓜，或上茬种植秋冬茬番茄或茄子，倒地后定植冬瓜。

17. 大中棚栽培冬瓜怎样安排茬口？

大中棚春天提早覆盖薄膜、烤地，争取土壤早化冻。大中棚一般最低温度比露地高3℃左右，露地稳定通过－3℃时，棚内最低温度可保持0℃以上，10厘米深的地温可稳定通过10℃，一般喜温蔬菜都可定植。但是冬瓜耐低温能力弱，最好在外界气温稳定通过1℃时定植。中棚空间较小，可以覆盖草苫进行外保温，覆盖草苫后温度可提高5℃左右，定植期可适当提前。根据定植期向前推算 45 天左右，在日光温室中设置温床育苗。

大中棚昼夜温差大，培育的冬瓜秧苗必须具有较强的抗逆性，定植后才能适应大中棚的环境。定植前须进行严格的秧苗锻炼，定植初期须扣小拱棚保温。

18. 小拱棚栽培冬瓜怎样安排茬口？

小拱棚多为 1 米宽、60 厘米高，空间小，热容量少，晴天光照充足时升温很快，夜间降温也快。阴天温度低，一般棚内不出现霜冻，比露地终霜期提早 15～20 天。

小拱棚内定植冬瓜，极端最低温度须达到 2℃～3℃时，才能进行。

小拱棚温度变化特别激烈，在温室育苗，即使定植前进行低温炼苗，也很难适应小拱棚的环境，应该在温室或露地设置温床育籽苗，在 1～2 片真叶时移植到小拱棚苗床（夜间覆盖草苫）培育成苗，通过大通风进行严格的炼苗，再选晴天定植到小拱棚。

小拱棚栽培冬瓜属于早熟栽培，基本属于露地栽培范畴，目的是促进提早采收。采收后可在立秋前倒地播种秋菜，在北纬 40°～41°地区提高复种指数，提高经济效益，丰富秋淡的蔬菜供应。

小拱棚冬瓜定植比较晚，可在定植前覆盖 1 茬耐寒的绿叶蔬菜，如韭菜、芹菜、油菜、生菜、香菜、茼蒿、茴香和水萝卜等。定植冬瓜时，经过通风锻炼，可转扣到冬瓜上。这样，不但增加了菜田生产茬口和复种指数，提高了产值，而且起到了一棚多用的效果。

小拱棚最低温度虽然与外界气温相差不大，但是高温时间长，定植后在高温高湿条件下，缓苗快，发棵早，生长发育旺盛，早熟高产的效果比较明显。

小拱棚冬瓜经过通风锻炼后，可撤去拱棚转为露地栽培管理。

19. 地膜覆盖栽培冬瓜怎样安排茬口？

地膜覆盖栽培的冬瓜，与小拱棚短期覆盖栽培的冬瓜，都属于露地早熟栽培，对品种的选择、育苗的要求基本相同，不同之处是普通地膜覆盖终霜后才能定植，而且垄面始终在地膜覆盖下，土壤的物理性状好，保水性能好，有利于冬瓜的根系发育，在伏雨季节可防止地面径流和肥土流失。

改良地膜覆盖，可在冬霜前 10 天左右定植，先盖天后盖地，加快缓苗速度。

地膜覆盖的冬瓜，虽然定植期比小拱棚覆盖冬瓜稍晚，但是管理上比较省工，采收期基本接近，生产成本也较低。

三、保护地设施

20. 地膜覆盖有哪些作用？

地膜覆盖在蔬菜栽培上应用比较广泛，属于简易保护地设施，具有优良的农业生态效应和显著的社会经济效益，对我国相对不足的耕地、淡水、气候等农业自然资源，有很好的综合补偿效应，对多种自然灾害有较强的抗御能力。其作用有如下几点。

(1)**增加温度**　通常在地面无覆盖物的情况下，表土吸收的太阳热能，大约 90%都化为土壤水分汽化热蒸发掉，其余的一部分通过传导和对流交换到空气中，一部分以长波辐射的方式进入空气中，只有很少一部分传导并贮存到下层土壤中去。所以，在露地栽培条件下，春季土壤温度回升缓慢，迟迟达不到播种或定植的指标。地膜覆盖后，由于地膜的阻隔作用，有效地减少了地面蒸发、对流和辐射散热，土壤温度明显提高。据观测，一般透明地膜覆盖能使 0～20 厘米日平均地温增加 3℃～6℃，作物生育期内有效积温仍增加 200℃～300℃，促进了作物早发快长，因而能提前采收。但是不同天气，不同时期，不同土层深度的增温效应不相同，晴天增温明显，阴天增温较弱，前期增温效应强于后期。

(2)**保水提墒**　一方面，由于地膜的增温效应，使耕层与深层土壤的温度梯度显著加大，促进了土壤深层毛细管水分向上运动；另一方面，由于地膜在土壤和空气间构成一个密闭的冷暖界面，净化了的土壤水分在地膜下表面凝结成水滴雨被土壤吸收，土壤水分在膜下形成内循环，大大减少了地面蒸发，使深层土壤水分在上层得到积累，所以具有明显的保水提墒作用。大量的试验结果表明：地膜覆盖能使耕层的含水量提高 2%～5%，在雨季还有排水的作用。

(3)**抑制盐碱害**　在无地面覆盖的情况下，由于大量的地面蒸发，土壤水分上升，把土壤盐分带到土壤表面而滞留下来，盐碱地作物保苗困难。地膜覆盖不仅抑制了地面蒸发，阻止了土壤深层盐分随蒸发水向浅层运动和积累，而且由于土壤水分内循环的淋溶作用，可使耕层土壤的盐量大为降低。试验表明，盐碱地覆盖地膜，可使耕作层含盐量降低 53%～89%。

(4)**防止肥土流失**　地膜能有效地防止由于地表径流和

地下径流造成的肥土流失，并能使土壤反硝化细菌造成氨态氮挥发损失量减少90%左右，从而有效地提高了土壤肥料的利用率。

（5）**改善光照条件** 覆盖普通透明地膜后，由于地膜和膜下附着水滴的反射作用，可使近地面的反射和散射光强度增加50%～70%，气温提高1℃～3℃，从而改善了田间温、光条件，既能减少低温冷害，又能促进光合作用。这是地膜覆盖栽培早熟高产的理论基础。

（6）**优化土壤物理性状** 地膜覆盖能防止土壤因雨水冲刷而造成的板结，使土壤容重减轻，孔隙度增加，固、气、液相比例适宜，水、肥、气、热协调。试验表明，固相下降3%～4%，液相增加2%～2.5%，气相增加1%～1.5%，始终保持疏松状态，并且土壤微生物活动加强，有机质分解快，可给态养分增加，有利于作物根系的发育，提高吸收功能。

（7）**减轻病虫草害** 由于地膜覆盖能防止地面水分蒸发和地表径流，对各种土传病害、借风雨传播的病害以及部分虫害，都起到一定的预防效果。由于减少了地面蒸发，降低了田间空气湿度，对多种茎、叶、果实上的侵染性病害有明显的抑制作用，因而减轻了病虫害造成的损失，获得稳产高产。

除了以上的效应外，用银灰色地膜覆盖，有明显的避蚜作用，对防治蚜虫和由蚜虫传播的病毒病效果显著。

覆盖黑色地膜，可把多种杂草闷在地膜下无法进行光合作用，只能消耗自身贮藏的有机营养，直到饥饿枯死。

覆盖加有除草剂的地膜，当膜下附着有水滴时，除草剂就会溶解在附着的水滴中，随水滴渗入表土层，形成1层除草剂药土层，可杀死杂草，防止杂草丛生，避免其与蔬菜作物争肥、争水、争二氧化碳，有利于蔬菜作物的正常生长发育。

21. 什么叫改良地膜覆盖?

地膜覆盖技术是20世纪70年代末由日本引进的,引进后经过消化、吸收和深入研究,创造了具有我国特色的蔬菜地膜覆盖栽培方式,改地面覆盖为高垄沟栽、高矮埂低畦地膜覆盖,在终霜前10天左右即可定植(图1,图2)。

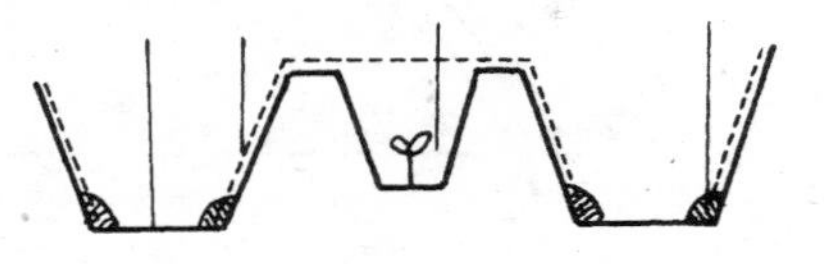

图1 高垄沟栽地膜覆盖示意图

终霜后在地膜上扎孔通风,逐渐增加孔洞,加大通风量,秧苗经过通风锻炼以后,当外界温度完全符合作物要求时,开口把秧苗引出膜外,把垄台上的土沉下一部分。再用土压住地膜。这种方式称为"先盖天后盖地"。

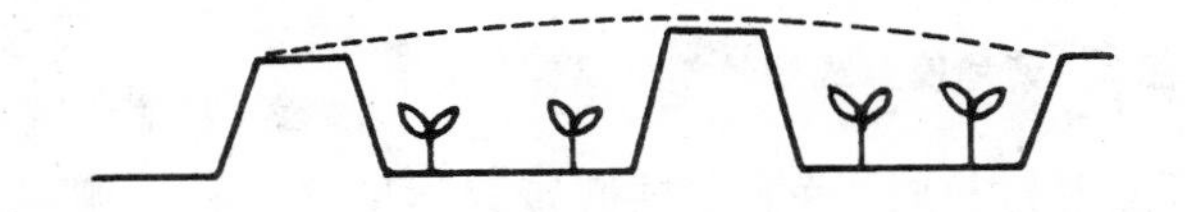

图2 高矮埂低畦地膜覆盖示意图

22. 塑料小拱棚怎样建造和应用?

小拱棚是全国各地应用最普遍、面积最大的保护地设施。

小拱棚宽1米,长6~8米,高0.6~0.7米。也有宽2米,高0.8~1米的。

小拱棚的拱架可就地取材,用紫穗槐条或竹竿或竹片弯成拱形,两端插入土中,间距为0.6~0.8米,上面覆盖一整块薄膜,四周卷起埋入土中。

2米宽的小拱棚,用细竹竿或紫穗槐条两端插入土中,中间的连接用塑料绳捆绑。为了提高强度,每隔2~3米设1立柱，顶部用一道细木杆作横梁支撑拱架。

小拱棚骨架也可以利用钢筋弯成拱形，两端插入土中，钢筋间距 1 米。小拱棚的宽度为 1 米或 2 米，1 米宽的小拱棚用 ф 12 钢筋，2 米宽的小拱棚用 ф 14 钢筋(图 3，图 4，图 5)。

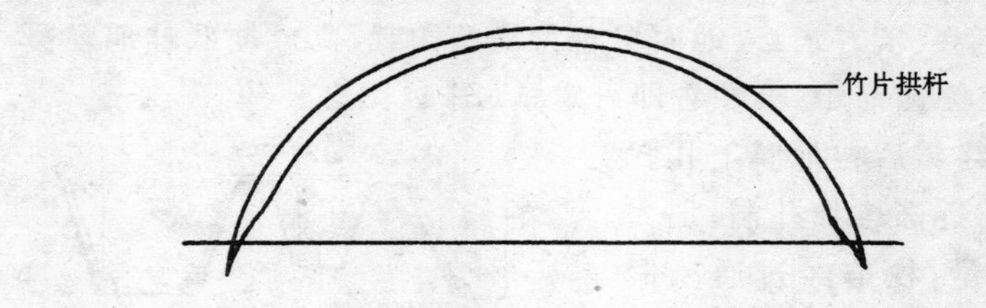

图 3　竹片拱架小拱棚

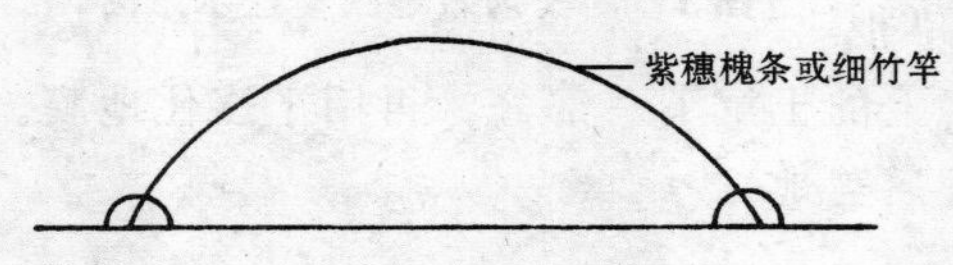

图 4　紫穗槐条或细竹竿小拱棚

小拱棚可以进行多种蔬菜的短期覆盖栽培，先覆盖耐寒叶菜类，如韭菜、芹菜、油菜、甘蓝、生菜等。果菜类蔬菜定植时，撤下小拱棚转扣到果菜上。一棚多用，既提高了利用率，又降低了生产成本。

这样，小拱棚夜间覆盖草苫保温，可培育各种蔬菜秧苗，特别是地膜覆盖栽培和小拱棚短期覆盖蔬菜，可先在温室播种，再移植到小拱棚育成苗。

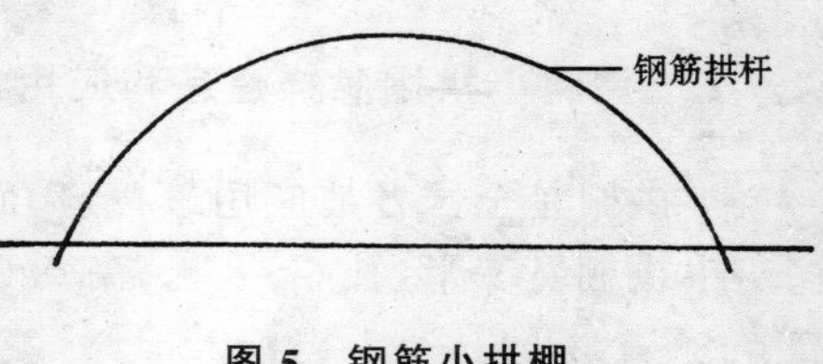

图 5　钢筋小拱棚

23. 塑料中棚怎样建造和应用?

塑料中棚跨度为 4～6 米,高1.8～2 米,长 15～20 米,也有超过 30 米的。面积为 67～134 平方米的居多。

塑料中棚有竹木结构、钢管结构、钢筋结构和钢竹混合结构等 4 种。

(1)**单排柱中棚** 跨度 6 米,高 1.8～2 米,中间设 1 排立柱撑着 1 道横梁。立柱每隔 3 米 1 根,用竹片或竹竿作拱杆,拱杆间距 1 米,在距棚顶 20 厘米处用 1 道柱杆,把立柱连成整体,以加强骨架的稳定性(图 6)。

(2)**竹木结构双排柱中棚** 拱杆的截面比单排柱小,需设两排立柱,支撑两道横梁(图 7)。

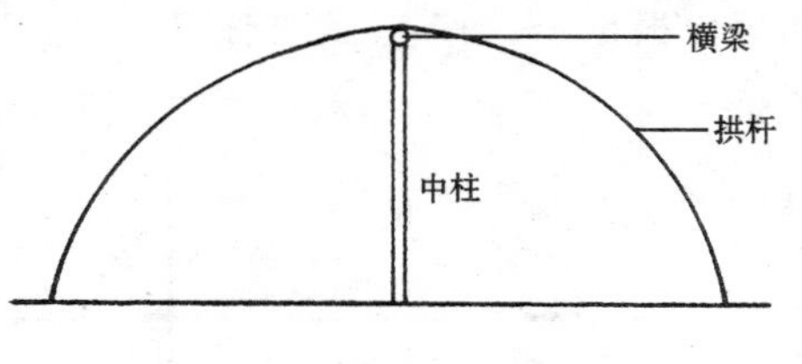

图 6 单排柱中棚

(3)**钢管骨架无柱中棚** 用 4 分镀锌管弯成拱形,间距 1 米,两端和中间用 3 道 4 分管焊接,10 根拱杆焊成一体,可单独使用,也可 2～3 个连起来应用(图 8)。

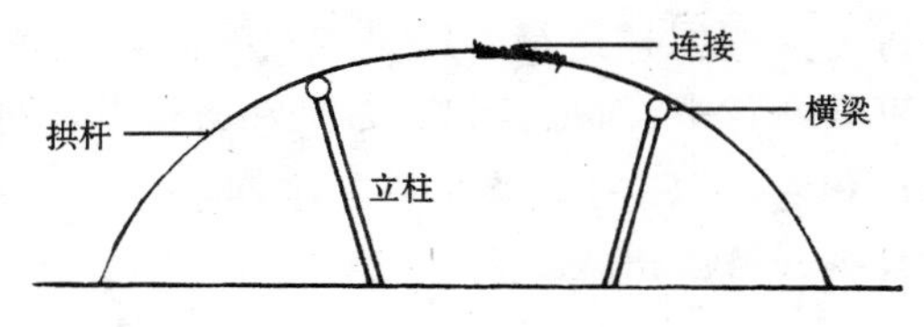

图 7 竹木结构双排柱中棚

(4)**钢筋骨架中棚** 用Φ 16 钢筋作拱杆,弯成拱形,两端

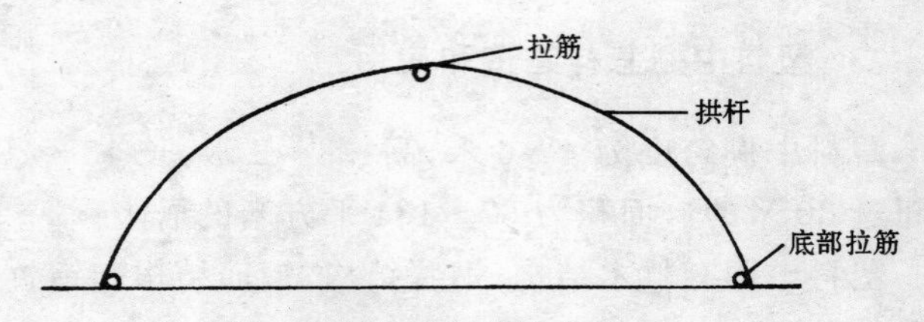

图 8　钢管骨架无柱中棚

插入土中 20 厘米深，为防下沉，贴地面焊上 20 厘米长的横筋。拱杆间距 1 米。每根拱杆的中部向下焊 1 根 6～7 厘米长的 4 分钢管，用 1 根 Φ 16 钢筋插入钢管中，插入土中，贴地面也焊上横筋。在钢管中部钻孔，穿入钉子把立柱固定。各立柱间用 1 根 Φ 16 钢筋连成整体(图 9)。

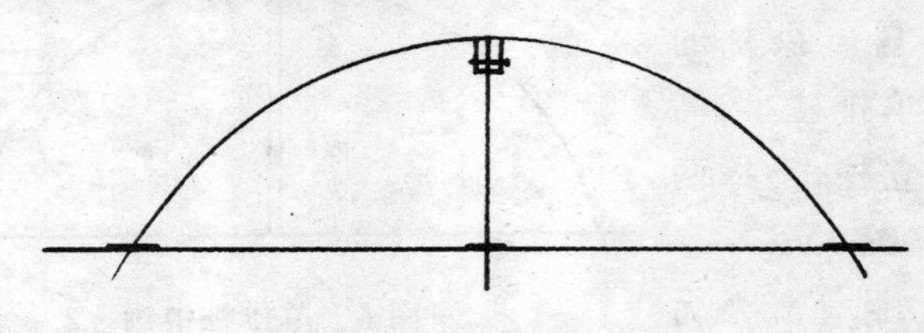
图 9　钢筋骨架中棚

中棚覆盖一整块薄膜，每两根拱杆间压 1 根压膜线，拴在地锚上。地锚用整块红砖，拴上 10# 铁丝，埋入土中 30 厘米深，铁丝套露出地面，以便于拴压膜线。

中棚可与大棚同样进行春提早栽培和秋延晚栽培。高 2 米的中棚可栽培黄瓜、西瓜、甜瓜、冬瓜和苦瓜等高棵作物。

中棚面积较小，棚内不设通道和水沟，也不用设置棚门，管理人员可揭开薄膜出入。

24. 塑料中棚的小气候有何特点?

中棚小气候与大棚基本一致，其特点将在第三十五至三十八问中详细叙述，可参照进行调控。这里只介绍不同的地方，有以下几点：

一是中棚空间小，热容量少，升温快，降温也快，保温效果不如大棚，特别是由于占地面积小，四周受棚外地温、气温的影响都比较大。所以，春天定植喜温蔬菜，应适当比大棚延迟。

二是中棚体积较小，便于覆盖草苫保温防寒，北纬 40°以南地区可以进行耐寒叶菜类越冬栽培，如韭菜、芹菜、绿菜花、茴香和香菜等。

三是覆盖一整块薄膜，通风不方便，可在棚内靠底脚的两侧各覆盖 1 幅 60 厘米左右高的薄膜围裙，在早春通风时，使冷风不能直接吹入，由围裙上部进入棚中。注意防止扫地风。

25. 塑料大棚有哪些结构类型？

塑料大棚是 20 世纪 60 年代中后期发展起来的大型保护地设施。开始面积为 667 平方米左右，多为竹木结构，以竹竿为拱杆，靠很多立柱支撑。大棚的稳固性较好，但是立柱多，不便于作业，以后发展成悬梁吊柱大棚，可减少 2/3～3/4 立柱，用小吊柱代替大部分立柱，但是建材的截面较大，遮光仍比较多。

进入 20 世纪 70 年代，塑料大棚曾一度向大型化发展，采用钢管骨架，建造联栋大棚，很多地区建成 1 公顷联栋大棚。生产实践证明：大型联栋大棚早春遇到降雪天气，排雪困难，夏季通风成了问题，温度降不下来，实用性很差。70 年代末至 80 年代初，已不再发展联栋大棚，已建成的也逐渐拆除或改建。以后，北方广大地区新建大棚面积多为 667 平方米左右。南方的塑料大棚跨度较小，多在 6 米左右，面积为 200 平方米的居多。近年已开始向面积为 667 平方米左右的发展。

竹木结构大棚最大特点是造价低，一次性投资较少，当年建棚可当年见效。但是每年需要维修，特别是立柱埋在土中，两年柱脚就要腐烂，更换比较费工。钢管骨架无柱大棚一次建成，多年使用，不需维修，按折旧计算造价并不高，但一次性投资较大，所以到现在所占比例还很小。为了解决立柱腐烂问题，普遍采用预制水泥柱代替木杆立柱。

从发展方向来看，钢管骨架无柱大棚将被普遍采用。

26. 怎样建造竹木结构塑料大棚？

竹木结构大棚跨度多为 12 米，脊高 2.5 米左右，长 55 米左右。

选背风向阳、南面无遮荫的地块，确定面积以后，按每排拱杆 1 米间距，均匀分布，埋 6 根立柱（中柱、腰柱、边柱各两根），拱杆用径粗 4～5 厘米的竹竿，每排两根，固定在立柱上，中间搭接用塑料绳绑紧。在立柱顶端 5 厘米处钻孔，穿细铁丝把拱杆拧紧，两侧用 4 厘米宽的竹片，弯成弧形，上端搭在拱杆上，下端插入土中。为防下沉，在底脚处放上一道竹竿或木杆，把竹片和各拱杆绑在一起，竹片上端用塑料绳子绑在拱杆上。在立柱距顶端 25 厘米处，用木杆作拉杆连在整体上（图 10）。

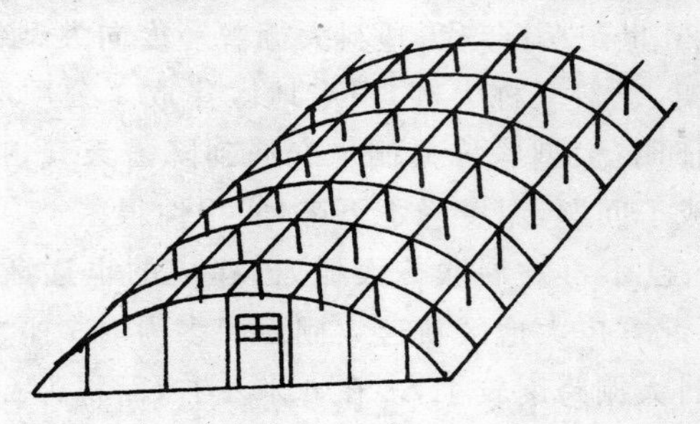

图 10　竹木结构塑料大棚建造示意图

竹木结构大棚立柱多，作业不方便，遮光也多，但是造价低，由立柱支撑，骨架不容易倒塌。所以，这种大棚占的比例最大。

27. 怎样建造竹木结构悬梁吊柱大棚？

竹木结构大棚为了减少立柱，用小吊柱来代替立柱，需要适当增加立柱和拉杆的粗度。一般可减少立柱 2/3～3/4，用 25 厘米长、4 厘米粗的木杆作小吊柱。小吊柱的两端 4 厘米处钻孔，立在拉杆上，顶住拱杆。用细铁丝穿过钻孔，上端拧在拱杆上，下端拧在拉杆上。

悬梁吊柱大棚其他部分的建造，与竹木结构大棚完全相同（图 11）。

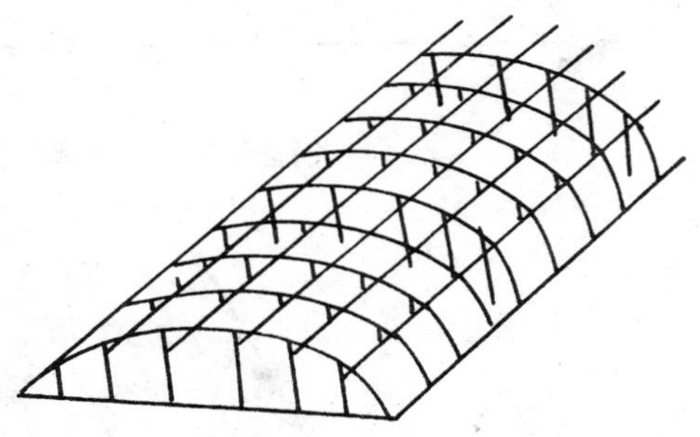

图 11　竹木结构悬梁吊柱大棚示意图

28. 怎样建造钢管骨架无柱大棚？

钢管骨架无柱大棚跨度 10 米，脊高 2.5 米，长 66 米。用 4 分钢管作拱杆（最好用镀锌管作拱杆），拱杆需 67 根，拱杆间距 1 米，其中 16 根拱杆用 ϕ 12 钢筋作下弦，用 ϕ 10 钢筋作拉花，焊成加强桁架。

首先由电焊工按图纸制作模具，将上下弦在模具上弯好，焊上拉花。大棚放线后，在两侧浇筑地梁，预埋铁块，以便于焊接骨架。

加强桁架每隔 5 米焊 1 道，两排骨架间用 4 分钢管弯成与加强桁架上弦相同的弧度，焊在地梁上。在加强桁架下弦处，用4分钢管焊接5道拉筋，每根拱杆用φ10钢筋作斜撑，焊在各道拉筋上(图12，图13)。

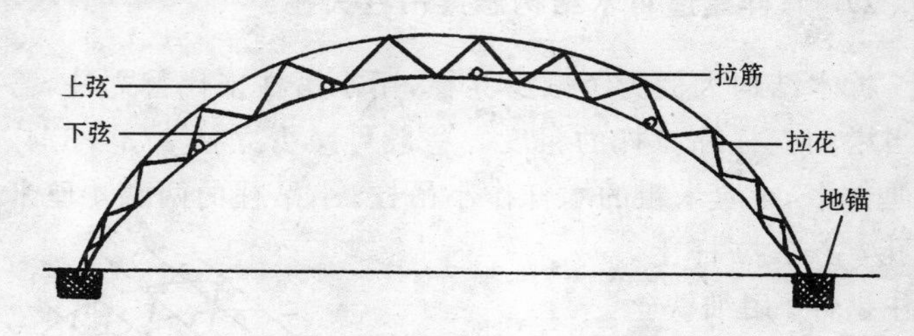

图12 钢管骨架无柱大棚加强桁架

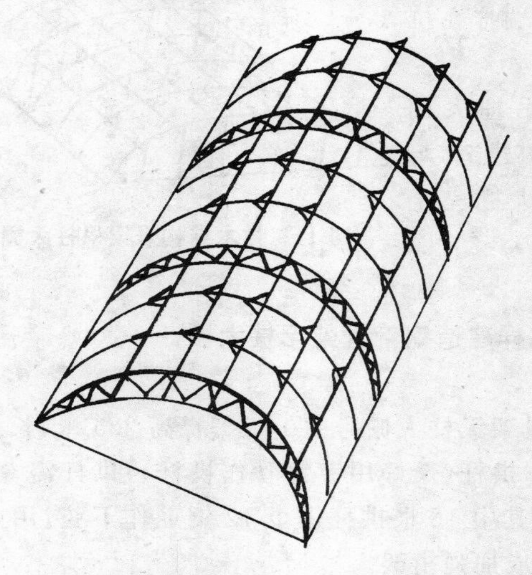

图13 钢管骨架无柱大棚示意图

29. 建667平方米竹木结构塑料大棚需要多少材料？

竹木结构塑料大棚的建造材料主要有竹竿、木杆和部分竹片，以便于弯成弧形底脚拱杆。此外，还需要钉子、塑料绳、薄膜和压膜线（表 4）。

表 4　建 667 平方米竹木结构大棚用料表

名　称	规格（厘米）	单　位	数　量	用　途
木　杆	280×5	根	114	中　柱
木　杆	250×5	根	114	腰　柱
木　杆	230×5	根	114	边　柱
竹　竿	600×5	根	228	拱　杆
竹　片	400×4	根	114	底脚拱杆，截断用
木　杆	400×4	根	90	拉　杆
木　杆	400×4	根	30	底脚固定拱杆
木　杆	20×4	根	342	柱脚横木，防立柱下沉
铁　丝	12#	千克	3	连接拉杆
塑料绳		千克	4	绑拉杆，穿围裙
聚乙烯塑料薄膜	0.1 毫米	千克	130	覆盖棚面
钉　子	3 寸	千克	4	钉柱脚横木
铁　丝	8#	千克	50	压膜线
门　框		副	2	
门		扇	2	
红　砖		块	112	拴地锚

注：悬梁吊柱大棚减少 2/3～3/4 立柱，适当增加立柱和拉杆粗度，其他材料基本相同

30. 建 667 平方米钢管骨架无柱大棚需要多少材料？

钢管骨架无柱大棚跨度 10 米，脊高 2.5 米，长 66 米。建材主要有 4 分钢管和钢筋等（表 5）。

表 5 建 667 平方米钢管骨架无柱大棚用料表

名 称	规 格	单 位	数 量	用 途
钢 管	4 分×12.5 米	根	16	桁架上弦
钢 管	4 分×12.5 米	根	51	拱 杆
钢 筋	ф 12×12 米	根	16	桁架下弦
钢 筋	ф 10×13 米	根	16	拉 花
钢 管	4 分×66 米	根	5	拉 筋
钢 筋	ф 12×0.35 米	根	525	斜 撑
钢 筋	ф 8×66 米	根	4	地梁筋
钢 筋	ф 5.5×0.4 米	根	132	箍 筋
水 泥	325#	吨	0.5	浇地梁
沙 子		立方米	1	浇地梁
碎 石	2～3 厘米	立方米	2	浇地梁
塑料薄膜		千克	130	覆盖棚面
铁 丝	8#	千克	50	压膜线
门 框		副	2	
门		扇	2	
细铁丝		千克	3	绑 线

31. 塑料大棚选用哪种薄膜？怎样覆盖？

塑料大棚春提早栽培蔬菜，日照时间已经延长，光照强度已经增加，无需覆盖无滴膜，多选用普通聚乙烯薄膜。如果栽培紫茄子，最好选用聚乙烯紫光膜。

覆盖大棚薄膜，先盖底脚围裙，用 1～1.1 米宽的两幅薄膜，上边卷入塑料绳烙合，绑在各拱杆上，下边埋入土中，在围裙上覆盖一整块薄膜，聚乙烯薄膜不能粘合，可烙合。用松木棱(4 厘米×5 厘米)长 2 米左右,固定在案上或支架上,把两幅薄膜边重叠放在木棱上,盖上牛皮纸,用 500 瓦电熨斗在牛皮纸上熨压,使薄膜烙合在一起。

一整块薄膜的长度为大棚长加高的 2 倍,再加 0.5 米。以 55 米长、2.5 米高的大棚为例:薄膜的长度为 60.5 米,宽为大棚拱杆(地上部)的长度减围裙高的 2 倍,再加上 0.6 米。这样的宽度,覆盖后两侧可延过底脚围裙 30 厘米。

薄膜烙合后,由两边向中间卷起,选无风的晴天,把卷起的薄膜放在大棚骨架的最高处,向两侧放下,两端拉紧埋入棚外两端土中踩实,两侧拉紧,延过围裙,用压膜线压紧。在覆盖薄膜前,每两根拱杆中间在底脚外侧用 1 块红砖拴 8# 铁丝作地锚,埋入地下 30 厘米处,地面露出 8# 铁丝圈,以便于拴压膜线。

大棚覆盖薄膜后,先不安装大棚门,待土壤化冻后,开始耕种时再安门。在设置骨架时,棚两端已经设立了门框,安门时由门框中间把薄膜切开"T"字形口,把薄膜两边卷在门框上,上边卷在门上框上,用木条钉住,最后把门安装上。

32. 怎样提高大棚的牢固性?

大棚受损的主要原因是对风压与雪压的抗性低。大棚的牢固性与棚架材质、高跨比、棚型都有关系,抗风性能主要决定于棚型。

提高竹木结构大棚的强度,就要增加建材的截面。这样,不但要提高造价,还将增加遮光部分。竹木结构大棚保持牢固性,主要靠立柱支撑,抗雪压的能力较强,很少有被雪压塌的,只有遇到大风天气,有时棚膜破损,甚至"上天"。

棚膜受损是因为风速改变了空气压强,产生了棚内外的空气压强差造成的。在风速为0时，棚内外空气压强相等，风速加大以后，棚面上空气压强减小，棚内空气压强未变，就产生了压强差，风速越大压强差越大，棚内产生了举力，把薄膜鼓起。风速变化，空气压强差也随之改变，风速变小时，鼓起的薄膜在压膜线的压力下，又回到骨架上。这样，就出现了鼓起落下的摔打现象，棚膜不但容易破损，而且当风速特别大时，棚膜就会挣断压膜线而“上天”。

大棚的棚面平坦是导致棚膜破损的主要原因，所以建造大棚棚型设计最为重要。

设计棚型最好参考合理轴线进行。合理轴线公式如下：

$$Y=\frac{4F}{L^2}X(L-X)$$

式中，Y为高度，F为脊高，L为跨度，X为水平距离。

例如钢管无柱大棚，跨度10米，脊高2.5米，代入公式：

$$Y_1=\frac{4\times 2.5}{10^2}X_1(10-1)=0.9\text{米}$$

$$Y_2=\frac{4\times 2.5}{10^2}X_2(10-2)=1.6\text{米}$$

$$Y_3=\frac{4\times 2.5}{10^2}X_3(10-3)=2.1\text{米}$$

$$Y_4=\frac{4\times 2.5}{10^2}X_4(10-4)=2.4\text{米}$$

$$Y_5=\frac{4\times 2.5}{10^2}X_5(10-5)=2.5\text{米}$$

棚型设计见图14。

这样，虽然提高了棚型牢固性，但是底脚低矮，不适于栽培高棵作物，需要进行调整，适当增加靠两侧1～2米处的棚面高度。

加高两侧1～2米的棚面高度，除了棚型外，大棚的高跨

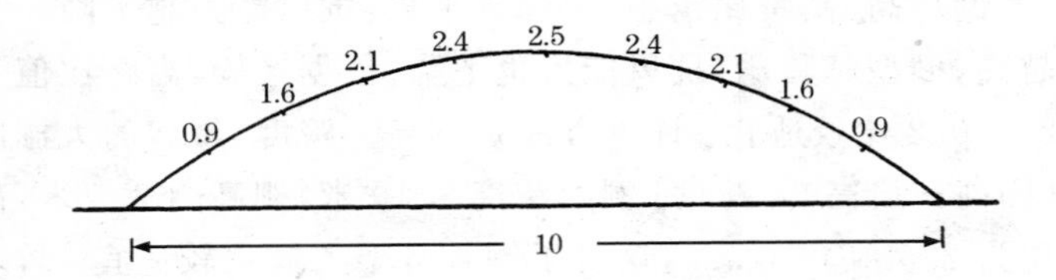

图 14　10 米跨度棚型合理轴线设计　（单位：米）

比与牢固性也有关系。高跨比不应小于 0.25，即脊高与跨度的比等于 0.25。

33. 塑料大棚的长跨比与稳定性有什么关系？

塑料大棚的面积为 667 平方米左右，对建造采光和温度调节都比较有利。但是，相同的面积怎样确定跨度和长度，是值得研究的问题。

同样面积的大棚，周边越长，稳定性越好。例如，跨度 10 米，周边长为 153.4 米；跨度为 12 米，周边长为 135 米；跨度 14 米，周边长为 123.3 米。可见跨度越大，周边越短，稳定性越差。大棚的长度相当于跨度 5 倍左右比较好。而 14 米的跨度，其长度只是跨度的 3.4 倍，显然其长跨比是不合理的。

大棚的跨度越大，高跨比值越小。例如，高度为 2.5 米的大棚，跨度为 10 米，高跨比为 0.25；跨度为 12 米，高跨比为 0.208；跨度为 14 米，高跨比只有 0.18。大棚的高跨比小于 0.2，其稳定性最差。所以，钢管骨架无柱大棚高为 2.5 米，跨度为 10 米比较适宜。竹木结构大棚跨度普遍为 12 米，其稳定性主要靠立柱支撑骨架。

34. 怎样确定大棚的高跨比？

塑料大棚的骨架，跨度与高度的比例为高跨比，高跨比越大，大棚越高；高跨比越小，大棚越平坦，抗风能力越下降。骨架越高，棚型越陡峭，抗风能力也下降。根据经验，高跨比值为0.25～0.2比较适宜。计算方法是棚高∶跨度，带肩的大棚应为（棚高－肩高）∶跨度。例如跨度为10米，棚高为2.5米，高跨比为2.5∶10＝0.25，这对于钢管骨架大棚比较适宜。竹木结构大棚为了减少立柱支撑，高跨比多为0.2左右。667平方米的大棚，长55米，跨度12米，高2.5米，高跨比＝2.5/12＝0.208。带肩的大棚高跨比小，所以抗风能力最差。

例如，大棚高为2.5米，肩高1米，高跨比＝（2.5－1）/10＝1.5/10＝0.15。所以带肩的大棚抗风能力最差。

35. 塑料大棚的温度有何特点？

塑料大棚的空间大，热容量也大，地温升高后比较稳定，保温效果明显优于中小棚。塑料大棚以春提早栽培为主，以10厘米地温为喜温蔬菜定植适期的指标。春季大棚生产期间，10厘米的地温比露地高5℃～6℃，有时高10℃（连续晴天光照充足）。浅层地温的日变化与气温基本一致，地面温度的变化明显，日较差可达30℃以上。5～20厘米地温的日较差，远远小于气温的日较差，但位相落后，越深位相越迟，日较差越小。上午5厘米地温往往低于气温，傍晚高于气温。浅层地温高于气温的时间能维持到日出。最低气温出现于凌晨，但这时大棚内的地温随着季节变化，早春棚外土壤尚未完全化冻就开始生产，初冬露地已经出现霜冻才结束。从春到夏，地温逐渐升高，但是到了炎热的盛夏，由于棚内光照度较低，加上作物生长繁茂的遮蔽，地温低于露地，这对作物生育是有利的。秋季地温逐渐下降，但比气温下降缓慢，也有利于延晚栽培。

早晨5厘米地温低于10～15厘米地温，到中午又高于

10～15 厘米地温，直到傍晚。春季 5 厘米地温回升比 10 厘米地温快，北方一般 5 厘米地温比 10 厘米地温回升提早 6 天左右。4～5 月份大棚内外地温的差距逐渐缩小，6～9 月份地温低于露地，这是大棚栽培作物产量高，供应期长的原因之一。

大棚内的气温始终比露地高，春季升温最快，最高可比露地高出 15℃以上，并且高温时间较长，所以对提早栽培有利。

大棚内外温度的差异受天气条件影响，晴天差异极为明显，多云的天气和阴天差异不明显（表 6）。

表 6　大棚内外最高气温比较　（℃）

天　气	大棚内	大棚外	内外温差
晴　天	38	19.3	18.7
多　云	32	14.1	17.9
阴　天	20.5	13.9	6.6

早春，在大棚密闭条件下，当露地最低气温稳定通过－3℃时，大棚内最低气温一般不低于 0℃。所以，多数喜温作物的定植期，以露地最低气温的日变化趋势与露地基本相似，最低气温出现在凌晨，日出后温度随着太阳升高而上升，8～10 时上升最快。在大棚密封条件下，每小时上升 5℃～8℃，有时超过 10℃，最高气温出现在 13 时，稍早于露地。14 时开始下降，每小时平均下降 3℃～5℃，日落前下降最快。大棚内气温的日变化比露地强烈，阴天日变化平缓。浇水和微风可使日较差缩小。

大棚内不同部位的气温也有差异。南北延长的大棚，中午前东部气温高于西部，午后则相反，温差 1℃～3℃，夜间四周气温低于中部。所以，一旦遇到寒流，出现冻害时，沿棚边首当其冲。

36. 塑料大棚的水分有何特点?

大棚内的空气湿度,在早春很少通风的情况下,夜间相对湿度可达90%以上,白天多在60%~80%。大棚内相对湿度的变化与温度相反,随着温度的升高而下降,随着温度的下降而升高。最低值出现在13~14时,最高值出现在凌晨。晴天变化剧烈,夜间比较平稳,浇水后湿度加大,通风后下降。

大棚内的土壤水分,主要来自人工灌溉,不受降水的影响,可以按作物生育各个时期对水分的要求供给,所以容易获得高产。

37. 塑料大棚的光照有何特点?

塑料大棚是全透明保护设施,没有外保温设备,受光时间与露地完全相同,不具备调节光照时间的功能。

大棚内的光照强度始终低于露地,光照减少的原因,除了骨架遮荫、棚面薄膜的反射和吸收外,薄膜内表面的水滴均能使透光率明显下降。竹木结构大棚由于立柱拉杆遮荫,各种建材的截面比较粗,遮荫比较多。据测试,当露地光强为100%时,竹木结构大棚透光率只有62.5%,钢管骨架无柱大棚为72%。

大棚内的光照度随着季节而变化。外界光照弱的季节,棚内光照也弱,外界光照强的季节棚内光照也强。一天中,晴天光照强,阴天光照弱。距棚面越近,光照越强;距地面越近,光照越弱。

南北延长的大棚,上午东部光照强,西部弱,下午西部强东部弱,全天差异不大。大棚东西侧与中部之间有个弱光带。

东西延长的大棚,南部光照明显高于北部,最多相差

20%。

38. 塑料大棚的气流运动有何特点？

大棚内的气流运动有两种形式：一种是由地面上升，汇集到顶部的气流，称为基本气流；另一种是由基本气流汇集而成，沿着棚顶形成一层与棚顶平行的气流，不断向棚中央最高处流动，最后折向下方流动，补充到地面，补充由于基本气流上升后形成的空隙，称之为回流气流。

基本气流的运动方向，不受外界风向的影响，其方向与风向相反，风力越大影响越小。大棚密闭时，基本气流的流速很低，最低小于0.01米/秒，其平均值为0.28～0.78米/秒。大棚通风后，基本气流受外界风速影响，流速很快提高，流经作物叶层的新鲜空气量增多，二氧化碳得到补充。

大棚不同部位的基本气流的流速不同，大棚中心部位及两端的流速都低。但是两端设置有棚门，由于缝隙的对流作用，使气流流速加快。

在多云有时晴的天气，往往由于强烈的阳光突然露出云层照射大棚，当气流经过棚顶时，迅速被加热而提高温度，返回地面补充基本气流时，大棚气温也突然升高。所以，遇到这种天气时应注意通风，防止高温危害。

39. 什么叫日光温室？其发展概况和前景如何？

温室白天的热源来自于太阳辐射，夜间也全靠白天的热量贮存，无需人工加温，冬季可进行各种园艺作物生产的温室，叫太阳能温室，简称日光温室。

日光温室起源于辽宁省南部的海城市和瓦房店市。最初是土筑墙，后屋面用高粱秸箔抹草泥，前屋面用松木棱安装玻璃，夜间覆盖草苫、纸被保温。冬季生产耐寒叶菜类蔬菜，早春栽培黄瓜、番茄等果菜。20世纪70年代以来，由于木材和玻璃紧缺，改用竹片或竹竿作前屋面骨架，用塑料薄膜代替玻璃采光，后屋面不变。这样，不但降低了造价，减少了损耗，保温性能也提高了。

80年代中期以来，在专家、科技工作人员和菜农的共同努力下，改进了日光温室结构，提高了采光保温性能，冬季不需加温就可生产喜温蔬菜，取得了显著的经济效益和社会效益，成为设施园艺领域的重大突破。这个突破引起北方各省、自治区、市的重视，纷纷到辽宁参观考察，引进技术，聘请技术人员，日光温室很快在“三北”地区（东北、西北、华北）发展起来。

90年代以来，日光温室发展迅速，分布范围很广，从江苏北部到黑龙江，到处都有日光温室。近年又拓宽了生产领域，不但蔬菜生产种类品种增加，果树和花卉的反季节栽培也获得成功，上市期大幅度提早，鲜切花、盆花、草本花卉、观叶植物和盆景的保护地栽培也得到迅速发展。目前全国日光温室面积已经超过30万公顷。今后将进一步加大温室的跨度和高度，向自动化方向发展。

40. 日光温室怎样进行采光设计？

日光温室在北纬40°以南地区，冬季无需加温就可生产喜温作物，关键是要充分利用太阳辐射能，提高气温和地温，以满足作物正常生长发育的需要。所以，室内只有搞好采光设计，争取多透入太阳光，才能满足作物生长的需要。

科学的采光设计，包括温室的方位角、前屋面采光角和后屋面仰角的设计。

（1）**方位角** 日光温室都是东西延长，坐北朝南，以利于接受太阳光。方位角可采取正南或南偏东5°、南偏西5°，正南方位角在正午时太阳光与温室前屋面垂直，南偏东5°则太阳光与前屋面垂直时间提前20分钟，南偏西5°则延迟20分钟。

根据作物的光合作用上午最旺盛，采取南偏东5°比较理想。但在高纬度地区，冬季严寒，上午揭草苫早了室温下降过多。因此，只有北纬39°以南地区可以采用南偏东5°方位角，北纬40°以北地区应采取南偏西5°。

测定方位角可用罗盘，但是指南针所指的正南不是真子午线，真子午线与磁子午线之间存在磁偏角，需要进行矫正。我国部分城市的磁偏角如表7所列。

表7 我国部分城市的磁偏角

地区	磁偏角	地区	磁偏角
齐齐哈尔	9°54′（西）	大连	6°35′（西）
哈尔滨	9°39′（西）	郑州	3°50′（西）
长春	8°53′（西）	济南	5°01′（西）
沈阳	7°44′（西）	西安	2°29′（西）
北京	5°50′（西）	兰州	1°14′（西）
呼和浩特	4°36′（西）	徐州	4°27′（西）
太原	4°11′（西）	西宁	1°22′（西）
银川	3°35′（西）	拉萨	0°21′（西）
包头	4°03′（西）	乌鲁木齐	2°44′（东）
天津	5°30′（西）		

（2）**前屋面采光角** 温室前屋面与太阳光构成的角度称采光角。设计采光角时，先从温室最高透光点向前脚处引一条

直线，使地面高度、前底角呈三角形的一面坡前屋面温室。其前屋面与地面的夹角越大，与太阳光构成的角度也越大，当前屋面与太阳光呈直角时，即入射角为 0°，称为理想屋面角(图 15)。

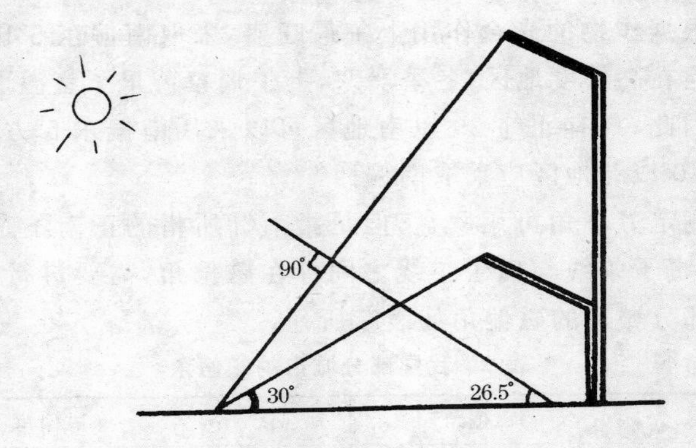

图 15　理想屋面角示意图

日光温室采光设计如按冬至日太阳高度角为参数，按理想屋面角建造温室，前屋面非常陡峭，后屋面极高，既浪费建材，增加造价，又不便于管理，保温也困难，没有实用价值。

例如在北纬 40°地区，冬至日的太阳高度角 26.5°，要按理想屋面角设计，则前屋面与地面夹角应为 90°－26.5°＝63.5°。

太阳光的入射角与光线透过率不是直线关系。入射角为 30°时，反射光仅损失 2.7%；40°时损失 3.4%；入射角在40°～60°范围内，透光率急剧下降。因此，90 年代初全国日光温室协作网专家组提出按合理屋面角进行采光设计，透光率与入射角的关系见图 16。

不同纬度地区的冬至日太阳高度角不同，设计采光屋面角首先要了解当地冬至日的太阳高度角。任何地区都可按下列公式计算：$H^{\circ}=90^{\circ}-\varphi+\delta$。式中，$H^{\circ}$为太阳高度角，$\varphi$为地理纬度，$\delta$为赤纬（北半球取正值，南半球取负值），冬至日赤纬为-23.5°。因此，计算北纬40°的冬至太阳高度角应为：

$$90^{\circ}-40^{\circ}+(-23.5^{\circ})=26.5^{\circ}。$$

北纬40°地区日光温室合理屋面角应为：$90^{\circ}-26.5^{\circ}-40^{\circ}=23.5^{\circ}$。

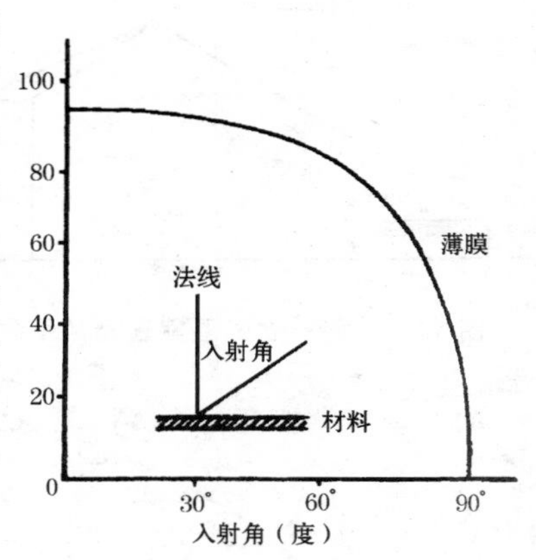

图16　透光率与入射角的关系示意图

90年代以来，各地日光温室生产实践表明：在日照百分率高，冬季很少阴天的地区，按合理屋面角设计建造的日光温室，在气候正常的年份，效果较好；一旦气候反常，则容易出问题。在低纬度地区，特别是冬季阴天多的地区实用性很不理想。为此，全国日光温室协作网专家组，经过深入考察研究后提出合理时段采光理论，即从10时至14时，4个小时内入射角都不大于40°。

按合理时段采光屋面角设计，计算方法为当地纬度减6.5°。

低纬度日照百分率低的地区，必须按合理时段采光屋面角设计；高纬度地区，日照百分率高，可适当加大入射角。

一斜一立式日光温室，计算高低度时应以脊高减去前立窗高，从前立窗上端引平行线，计算前屋面夹角（图17）。

半拱形日光温室前屋面的采光角，前底脚55°～60°，从前底角开始，每米设一个切角，1米处30°～35°，2米处23°～

20°，3 米处 20°～17°，4 米处 17°，以上不小于 15°。如果跨度加大，高度增加，切角也适当增加。

半拱形的采光屋面角见图 18。

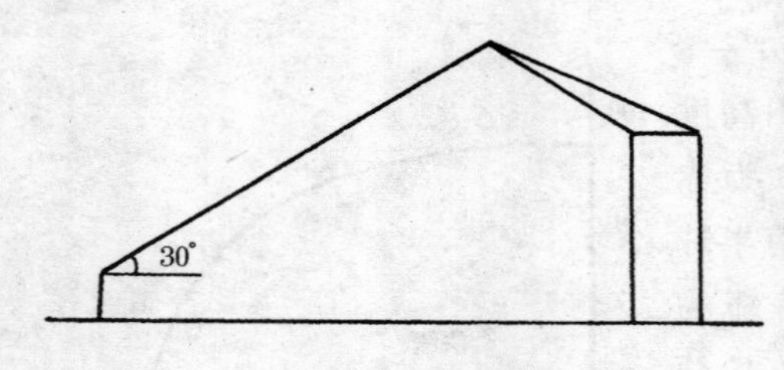

图 17　一斜一立式温室采光角示意图

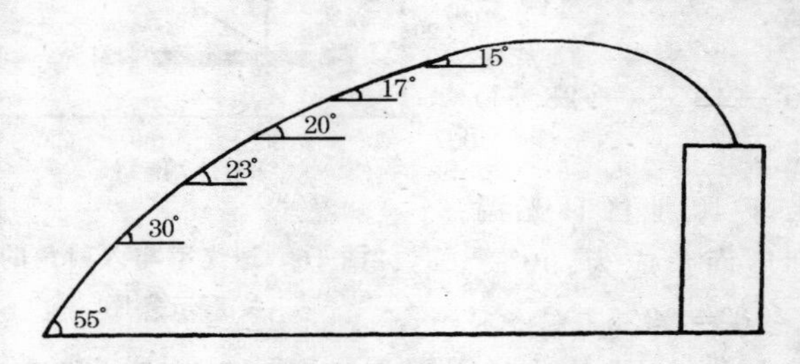

图 18　半拱形日光温室采光角示意图

(3)**后屋面仰角**　日光温室后屋面仰角，受后墙高度，后屋面长度，中脊高度制约。在一定的后屋面长度、中脊高度条件下，抬高后墙仰角缩小，降低后墙仰角增大。从有利于采光考虑，后屋面仰角应以当地冬至日太阳高度角为依据，比太阳高度角增加 5°～7°。

例如北纬 40°地区，日光温室后屋面仰角应为 26.5°+5°～7°=31.5°～33.5°。

仰角过大后屋面陡峭，不便于管理；过小，光照条件不好。

41. 日光温室怎样进行保温设计？

日光温室有了科学的采光设计，透光量多，就可以提高温度。如何减少热量损失也非常重要。日光温室冬季之所以能进行生产，采光和保温缺一不可。进行保温设计，首先要了解日光温室热量是怎样损失的，才能有针对性地采取措施，防止和减少热量损失。

日光温室热量损失有贯流放热、缝隙放热和地中传热3个途径。

(1)**贯流放热** 日光温室获取的太阳辐射能，转化为热能以后，还以辐射、对流方式传导到与外界接触的各结构的内表面(后墙、山墙、后屋面、前屋面薄膜)，再由内表面传导到外表面，再以辐射和对流散失到大气中去。这个过程叫贯流放热，也叫透视放热或表面放热。减少贯流放热的有效措施是降低维护结构的导热系数。竹木结构日光温室，土垒墙壁的厚度应超过当地冻土层厚度的30%，后屋面的平均厚度应达到墙体厚度的40%～50%，后屋面可用高粱秸或玉米秸勒箔抹草泥，上面铺乱草、玉米秸或稻草，使导热系数变小。

前屋面薄膜导热系数最大，夜间要覆盖草苫。草苫多用稻草编成5厘米厚。北纬41°以北地区应加盖4层牛皮纸被，或盖双层草苫。

钢管骨架无柱日光温室的墙体采用异质复合结构，用红砖砌夹心墙，内外墙二四红砖，中间夹5厘米厚的两层苯板(错缝填入)，后屋面上铺板箔、苯板和两层草苫，上面铺炉渣，抹水泥沙浆后进行两毡三油防水处理。

(2)**缝隙放热** 日光温室的墙体有缝隙，后屋面与后墙交接处不严，前屋面薄膜有孔洞时，都会以对流方式把热量传到室外，特别是进出口处放热量最大。减少缝隙放热，就是使各维护结构都严密无缝隙。在山墙的一侧设置作业间，使进出温室有作业间作缓冲。在温室内靠门口处用薄膜围起，上边固定在后屋面上，出入温室扒开薄膜，以减少空气对流。

(3)**地中传热**　白天透入室内的太阳辐射能，除一部分用于长波辐射和传导，使室内的空气升温外，大部分热量纵向传入地下，成为土壤贮热。而日光温室四周的土壤温度低于温室，温度成为土壤横向传导，使热量损失，属于地中传热。减少地中传热的措施是加厚山墙和后墙，可在前屋面底脚外侧挖40～50厘米深、30～40厘米宽的防寒沟，衬上旧薄膜，填入乱草，包严后培土踩实。

日光温室是太阳辐射能转化为热能后，通过贯流放热、缝隙放热和地中传热向室外散失，当所获得的热量与散失的热量相等时，室温保持不变，当获得的热量大于散失的热量时，室温升高，当损失的热量大于获得的热量时，就要靠原来贮存在土壤中的热量来补充维持。但是这种补充毕竟是有限的，当土壤中贮存的热量消耗掉以后，室温就要下降，甚至出现冻害。这种获得热量和散失热量的关系叫做热平衡或收支。

42. 建造日光温室怎样选择场地和进行规划？

日光温室小面积零星发展的阶段早已结束。20世纪90年代以来，开始向大规模集中连片的温室群发展。因此，首先要调整土地，进行规划，才能向产业化方向发展。

(1)**场地选择**　日光温室生产属于高投入高产出的产业，必须选择好场地。适合建造日光温室的场地应具备以下条件：阳光充足；温室南边和东西侧不能有高大建筑物、树木、山峰等自然遮挡物；避开风口，山口和自然风口是冬春季大风的通道，在此建日光温室容易遭受风害；地下水位低，土质疏松肥沃，富含有机质的地块；避开尘土污染严重的地带。靠近排尘严重的工厂、机动车辆频繁通过的乡间土道的地块，影响透光，不宜选用。日光温室群应靠近交通要道和村庄，以便于管理和运输生产资料及产品。

为了节省温室建造投资，最好利用已有水源和电源。

(2)**温室群的规划** 在土地调整以后，即可丈量面积，确定方位角，按温室的规格，前后排温室的间距，绘制田间规划图，以便按图施工。

田间规划图包括温室群的交通干道、温室间的通道及前后排温室距离(图 19)。

43. 怎样确定前后排温室的距离？

建造日光温室群，前后排温室的距离非常重要。距离过近，早晨揭开草苫后，前排温室遮了后排温室的光；距离过大，浪费土地。因此，必须计算好适宜的距离才能建造。

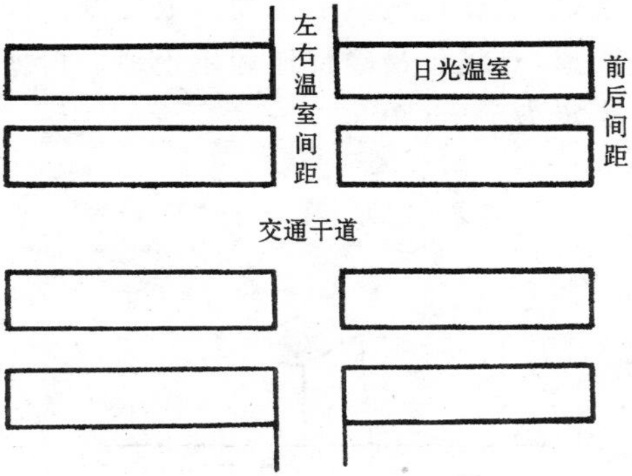

左右温室间距
日光温室
前后间距
交通干道

图 19 日光温室田间规划示意图

计算方法是按冬至日太阳高度角，从温室最高透光点的投影。可按下列公式计算：

$$S=\frac{h}{tgH_0}-L_1-L_2+K$$

式中：S 为前后排温室的间距(米)；

h 为温室最高透光点(含卷起草苫 0.5 米)；

tgH_0 为当地冬至日太阳高度角正切值；

L_1 为后屋面水平投影(米)；

L_2 为温室后墙底宽(米);

K 为修正值,一般取 1.1～1.5 米。

例如,北纬 40 度地区建造 7 米跨度,3.5 米高,后屋面水平投影 1.5 米,后墙底宽 1.3 米(包括培土),冬至日的太阳高度角为 26.5℃的日光温室,代入公式:

S=(4.0/0.4895)−1.5−1.3+1.1～1.5=6.472～6.872

所以,一般从后排温室的前底脚到前排温室的距离为6.5米。这样的距离,在冬至日可保证从 9 时至 15 时不遮光。冬至时温度最低,草苫晚揭早盖在冬至前一个节气和后一个节气,温室保持适宜的温度不成问题。因此,前后排温室的这个距离,有利于最经济地利用土地。根据地块的条件,也可把距离定为 7 米(图 20)。

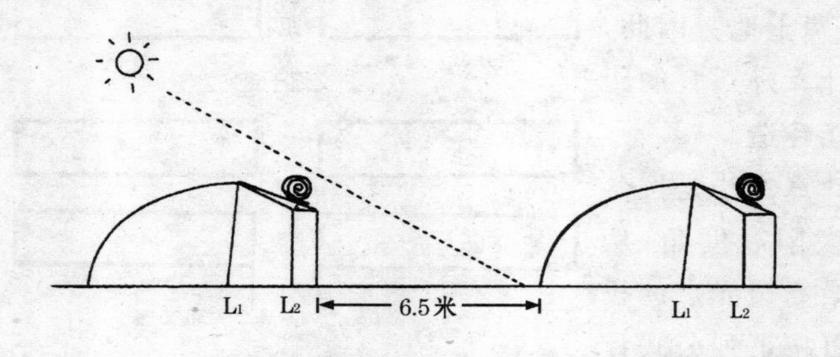

图 20 前后排温室距离示意图

44. 怎样建造竹木结构一斜一立式日光温室?

竹木结构一斜一立式日光温室后墙、山墙和后屋面骨架的建造与半拱形日光温室后屋面的构造基本都是相同的。

(1)**筑墙** 竹木结构一斜一立式日光温室的后墙、山墙可就地取土夯筑。为了提高保温效果,可在温室内地面取土 20

厘米深，先把表土挖出堆放一边，然后取下层土筑墙。筑完墙再把表土归回原地。

筑墙有两种方法：一种是用草泥垛墙，另一种是用夹板夯土墙。这是农民普遍掌握的技术，只是筑墙前要把尺寸量准，挂好线，按线进行。为了不出现干缩裂缝，应采用叠接的方法，不要对接。冻土层浅的地区一次就可筑成需要的厚度。冻土层深的地区，墙体厚度为 50～60 厘米，筑好墙还需在墙外培防寒土。

(2)**建后屋面骨架** 竹木结构日光温室后屋面骨架有柁檩结构和檩椽结构两种。

柁檩结构由柁、中柱、脊檩、后檩和中檩组成。中柱埋入地下 40 厘米深。为防止中柱下沉，应用较大的石块作柱脚石，上端支撑柁头部，柁头探出中柱前 40 厘米，柁尾放在后墙上。为防柁尾下沉，可用木板垫在柁尾下面。脊檩对接，要求既平又直，以便于固定拱杆。后檩和腰檩错落放在柁上(图 21)。

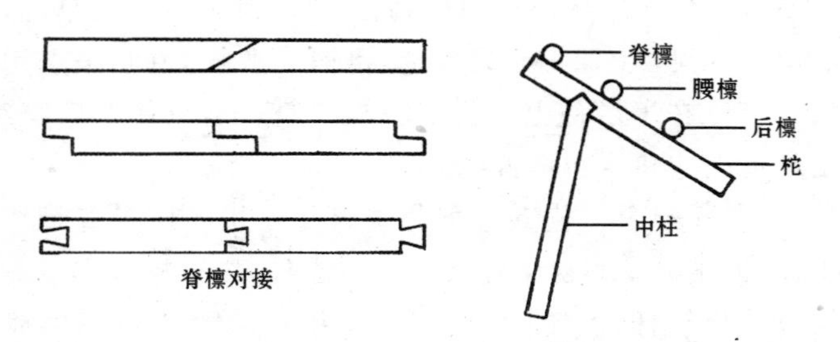

图 21 柁檩结构安装示意图

檩椽结构是由中柱支撑脊檩，用细木杆作椽子，担在脊檩和后墙上，椽头探出脊檩 40 厘米，椽子间距为 30 厘米左右。在椽上面用木杆作瞭檐，以便固定拱杆。为防椽尾下沉，在后墙上横放 1 根细木杆，把椽尾钉在木杆上(图 22)。

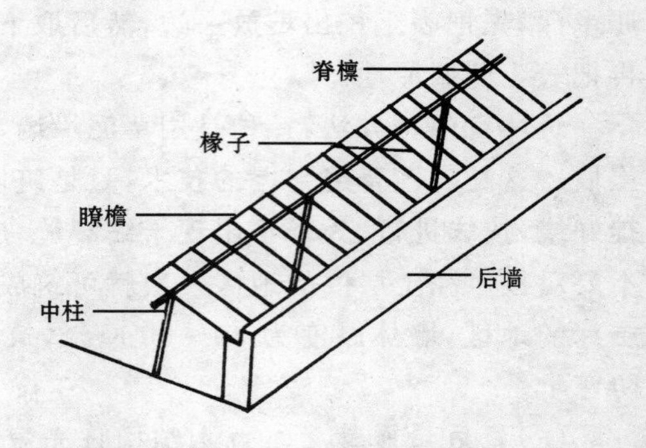

图 22　日光温室檩椽结构示意图

(3)**盖后屋面**　柁檩结构的后屋面骨架,因檩木的间距较大,需要用整捆高粱秸或芦苇作箔铺满。在每道檩木处,用5～6 根高粱秸压住上面,用绳子勒紧。

檩椽结构的后屋面骨架,由于椽子的间距小,可用高粱秸或玉米秸勒箔。

不论是柁檩结构还是檩椽结构,其上都要抹 1 层草泥,再抹 1 层沙子泥。上面铺 1 层碎草,再铺玉米秸。在后坡上用木杆或竹竿压在玉米秸上,用铁丝拧在腰檩上,以便拴压膜线,固定草苫上端和拴卷草苫绳。

(4)**建造一斜一立式温室屋面骨架**　用 4 厘米直径竹竿作拱杆,但是横梁和前梁每 3 米设一立柱,与中柱取齐。底脚部用竹片作拱杆,上端压在竹竿上,用塑料绳绑紧,下端插入土中,稍呈拱形。拱杆间距 0.8 厘米,拱杆上端固定在脊檩或瞭檐上(图 23)。

45. 怎样建造琴弦式日光温室?

琴弦式日光温室是瓦房店农民创造的。它虽然属于一斜

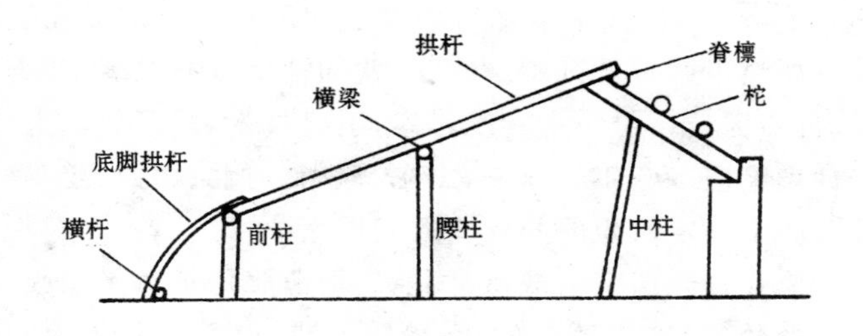

图 23　一斜一立式温室前屋面骨架示意图

一立式温室，但是取消了前屋面的立柱，每 3 米设一加强桁架，在桁架上按 30 厘米左右横拉 8＃铁丝，固定在山墙外的地锚上。在 8＃铁丝上按 75 厘米间距，用直径 2.5 厘米的竹竿作拱杆，用细铁丝拧在 8＃铁丝上。覆盖薄膜后，在每根拱杆上用细竹竿压住薄膜，再用细铁丝捆在拱杆上。

后屋面的建造与普通一斜一立式温室相同。琴弦式日光温室跨度 7 米，脊高 3.1 米，后屋面水平投影 1.2 米左右，前立窗高 80 厘米(图 24)。

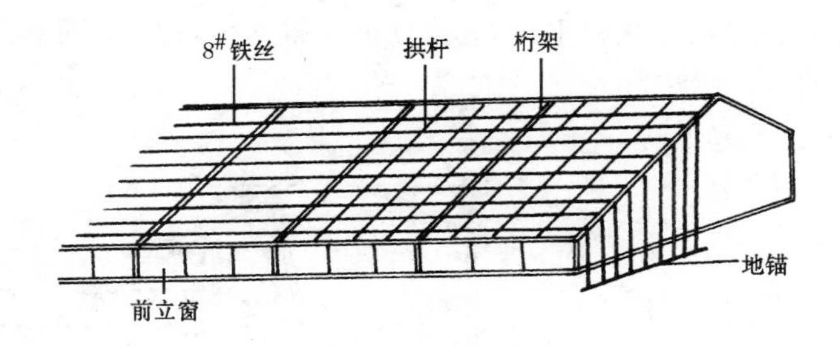

图 24　琴弦式日光温室示意图

琴弦式日光温室取消了前立柱，拱杆的截面小，不但透光率高，作业也方便，前屋面薄膜压得紧，抗风能力最强，牢固性好。

20 世纪 80 年代中期瓦房店农民利用日光温室最先进行冬季不加温生产黄瓜试验，经济效益和社会效益显著。北方不少省、自治区、市、纷纷来参观考察，引进技术，聘请技术人员，推广日光温室。90 年代以来，山东、河南、河北、山西、宁夏、甘肃都发展了一定面积的琴弦式日光温室。

琴弦式日光温室的缺点是：前屋面薄膜用细竹竿压膜，用细铁丝捆竹竿；造成较多的孔，缝隙放热量大，不利于夜间保温；前屋面比较矮，利用它进行果树反季节栽培不如半拱形日光温室效果好。

46. 怎样建造竹木结构半拱形日光温室？

竹木结构半拱形日光温室的后屋面骨架，不论柁檩结构还是檩椽结构，都与一斜一立式竹木结构相同。前屋面设两道横梁，由立柱支撑，每隔 3 米 1 根立柱。在横梁上用 5 厘米宽竹片作拱杆，拱杆间距为 50～60 厘米。拱杆上端用塑料绳绑在脊檩或瞭檐上，中部绑在横梁上，下部绑在前梁上，下端插入土中。为防止拱杆下沉，底脚处放 1 根木杆，把各拱杆都绑在横杆上（图 25）。

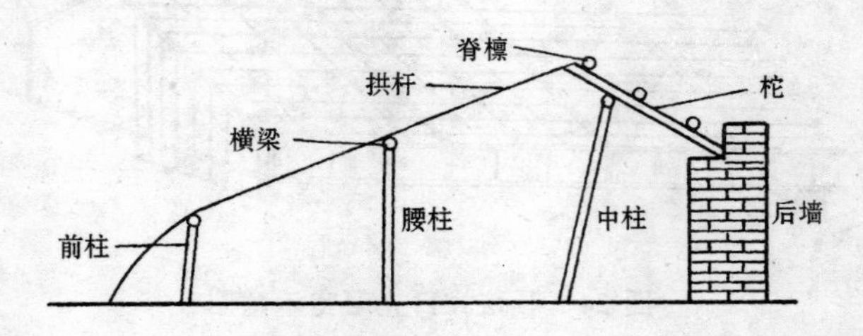

图 25　竹木结构半拱形日光温室截面图

47. 怎样建造竹木结构悬梁吊柱温室?

竹木结构悬梁吊柱日光温室,是在半拱形日光温室的基础上发展起来的。为了作业方便,取消前屋面立柱,采用加强桁架,每 3 米 1 道,上端固定在柁头和脊檩上,下端担在前立柱上。桁架上铺 3 道横梁,前横梁用细木杆,中、上部横梁用较粗的木杆,在木杆上用小吊柱支撑各个拱杆。小吊柱距上下端 4 厘米处钻孔,穿过细铁丝,上端捆在拱杆上,下端捆在横梁上。前梁不设小吊柱,拱杆可直接担在前梁上(图 26)。

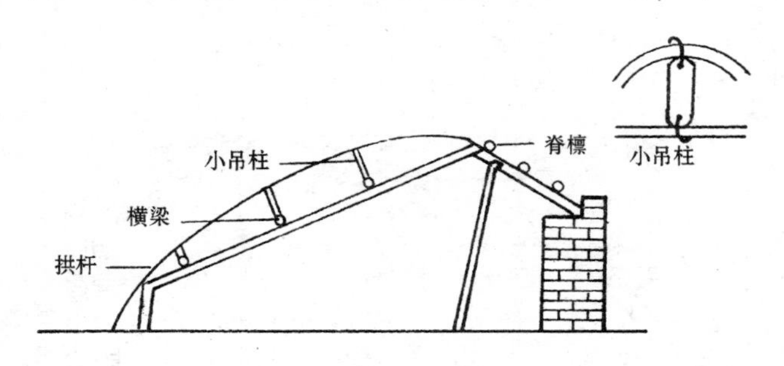

图 26 竹木结构悬梁吊柱温室示意图

48. 怎样建造钢管骨架无柱日光温室?

用 6 分镀锌钢管作拱架上弦,用Φ 12 钢筋作下弦,Φ 10 钢筋作拉花,焊成拱架。可先制作模具,把上弦钢管和下弦钢筋按前屋面形状弯好,焊上拉花。

在已垒好的砖墙顶端浇筑钢筋混凝土梁,预埋的Φ 12 钢筋露出梁的表面,在前底脚处浇筑地梁。从靠山墙开始预埋钢筋或角钢,按 80 厘米间距焊拱架,上端焊在墙顶预埋钢筋上,下端焊在地梁预埋钢筋或角钢上。在拱架顶部东西焊上一道槽钢，以便覆盖薄膜时，用木条卷起装入槽内。在拱架下弦处用两根4分钢管作拉筋，把拱架连成整体。在地梁预留的钢筋或屋顶槽钢外侧也焊上小铁圈，以便于拴压膜线。在屋顶槽钢外侧也焊上小铁圈，以便于拴压膜线的上端。

在后屋面上距中脊60～70厘米处，东西向拉上1根6分钢管，以便于拴卷草苫绳。

为了解决后屋面靠屋脊处太薄，不利于保温的问题，在拱架制作时，可把拱架最高点向前移10厘米，用Φ12钢筋弯成“ 「”形，焊接在拱架上端，使靠顶部的厚度增加10厘米(图27)。

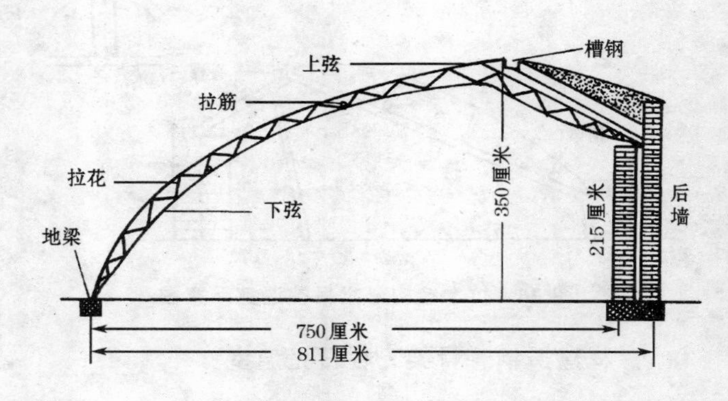

图27 钢管骨架无柱日光温室示意图

49. 建667平方米竹木结构一斜一立式温室和半拱形日光温室需要多少材料?

建造667平方米竹木结构一斜一立式日光温室所需材料见表8。

表 8　建 667 平方米竹木结构一斜一立式日光温室用料表

材料名称	规格(厘米×厘米)	单　位	数　量	用　途
木　杆	200×12	根	31	柁
木　杆	350×8	根	31	中　柱
木　杆	400×6	根	23	腰　梁
木　杆	350×6	根	31	腰　柱
木　杆	400×10	根	60	腰檩、后檩
木　杆	200×5	根	31	前　柱
木　杆	300×4	根	30	前横梁
竹　竿	700×4	根	112	拱　杆
竹　片	400×4	根	66	底脚拱杆
木　杆	300×10	根	30	脊　檩
竹　竿	600×5	根	11	后屋面拴绳
巴　锔	20×Φ8	个	100	固定檩木
钉　子	3 寸	千克	3	固定横梁
塑料绳		千克	3	绑拱杆
薄　膜	0.1 毫米	千克	70	覆盖前屋面
草　苫	150×800	块	110	夜间防寒保温
高粱秸	捆	捆	1000	箔
稻　草		千克	1000	垛　墙

注：温室跨度 7.5 米，高 3.5 米，后屋面水平投影 1.5 米，温室长 88.8 米。未计算作业间用料

建造 667 平方米竹木结构半拱形日光温室所需材料见表 9。

表 9 建造 667 平方米竹木结构半拱形日光温室用料表

材料名称	规格(厘米×厘米)	单位	数量	用途
木杆	200×12	根	31	柁
木杆	330×8	根	31	中柱
木杆	300×10	根	30	脊檩
木杆	400×10	根	60	腰檩、后檩
木杆	150×8	根	31	前柱
木杆	400×5	根	23	腰梁
木杆	400×5	根	23	前梁
木杆	300×8	根	31	腰柱
竹片	600×5	根	112	拱杆
竹片	400×4	根	56	底脚拱杆
木杆	400×4	根	25	固定底脚拱杆
巴锔	20×ф8	个	60	固定檩木
钉子	3寸	千克	2	钉木杆
塑料绳		千克	3	绑拱杆
草苫	150×800×5	块	110	覆盖保温防寒
薄膜	0.1毫米	千克	70	覆盖前屋面
高粱秸		捆	1200	箔
稻草		千克	1000	垛墙掺土
竹竿	600×6		16	后坡拴绳

注:温室跨度 7.5 米,高 3.5 米,后屋面水平投影 1.5 米,温室长 88.8 米。未计算作业间用料

50. 建 667 平方米竹木结构悬梁吊柱温室需要多少材料?

建造 667 平方米竹木结构悬梁吊柱温室所需材料见表 10。

表10　建667平方米竹木结构悬梁吊柱温室用料表

材料名称	规格(厘米×厘米)	单　位	数　量	用　途
木　杆	200×12	根	31	柁
木　杆	330×8	根	31	中　柱
木　杆	300×10	根	30	脊　檩
木　杆	600×8	根	31	衔　架
木　杆	400×10	根	60	腰檩、后檩
木　杆	400×8	根	60	腰檩、后檩
木　杆	400×5	根	23	前　梁
木　杆	150×8	根	31	前　柱
木　杆	30×4	根	224	小吊柱
竹　片	600×5	根	112	拱　杆
竹　片	400×4	根	56	底脚搭杆
木　杆	400×4	根	25	固定底脚拱杆
巴　锔	20×ф 8	个	100	固定檩、梁
钉　子	3寸	千克	3	固定木杆
塑料绳		千克	3	绑拱杆
薄　膜	0.1毫米	千克	70	覆盖前屋面
高粱秸		捆	1200	箔
草　苫	150×800	块	110	保温防寒
稻　草		千克	1000	垛墙用
竹　竿	600×6	根	16	后坡拴绳

注:温室跨度7.5米,高3.5米,后屋面水平投影1.5米,温室长88.8米。未计算作业间用料

51. 建667平方米钢架无柱温室需要多少材料?

建667平方米钢架无柱温室所需材料见表11。

表 11　建 667 平方米钢架无柱温室所需材料表

名　称	规　格	单　位	数　量	用　途
镀锌管	6 分×10 米	根	112	骨架上弦
镀锌管	6 分×89 米	根	2	拉　筋
钢　筋	ф 12×9.5	根	112	骨架下弦
钢　筋	ф 10×10 米	根	112	拉　花
钢　筋	ф 10×89 米	根	3	顶梁筋
钢　筋	ф 5.5×0.35 米	根	178	箍　筋
槽　钢	(5×5×5)厘米×89 米	根	1	脊上拉槽
细铁丝	18#	千克	1	绑　线
水　泥	325#	吨	20	砌墙、浇梁
毛　石		立方米	25	基　础
沙　子		立方米	30	沙　浆
碎　石	2～3 厘米	立方米	3	浇　梁
木　材		立方米	3	箔
薄　膜	0.01 毫米	千克	70	覆　盖
塑料绳		千克	2	穿围裙
压膜线	拉力 60 千克	千克	15	压　膜
红　砖		块	70000	墙　体

注：未计算作业间用料

52. 日光温室需要哪些辅助设备？

日光温室的辅助设备主要有作业间、输电线路、灌溉系统和卷帘机等。

（1）**作业间**　设在东山墙或西山墙外侧，靠道路近的一侧，作为管理人员休息、放置小农具和部分生产资料的场所。各地有不少温室把作业间和家庭居室结合起来，全家居住在作业间，便于对温室的管理。

(2)**输电线路** 在田间规划时，要确定电杆埋设位置，达到就近把电线拉入温室，以便于照明、设置电热温床和浇水等。

(3)**灌溉系统** 地下水位低的地区，需要打深机井，设大型贮水池，通过地下管道由支管引入温室。贮水池的出水口要设纱网，防止堵塞。出水口与温室进水口的落差不少于1米，以利于自流滴灌。

地下水位高的地区，可打小压水井，安装小水泵提水。小水井应在建温室前打成。

(4)**卷帘机** 日光温室前屋面夜间要覆盖草苫，白天卷起，待午后室温降到一定程度时再放下。卷放草苫由两个人操作，温室上一人负责拉放卷帘绳，前底脚一人调整草苫位置，需要时间较长。特别是寒冷的冬季，卷草苫过早室温下降，卷晚了浪费太阳辐射能；午后放晚了室温下降，放早了不但浪费太阳辐射能，还会造成昼夜温差小，对作物生育不利。遇到阴天，有时多云，往往不能及时揭开草苫，对作物生育极为不利。近年很多地区已采用卷帘机操作，能在5～7分钟内将草苫卷起或放下。

卷帘机有机械卷帘机和电动卷帘机。机械卷帘机在后屋面上每3米设一角钢支架，架的顶端焊上铁圈，最好用轴承，穿入直径5厘米的一根钢管，钢管的两端焊上摇把，把拉帘绳绑在钢管上。卷草苫时，由两个人摇动摇把，把拉绳缠在钢管上，草苫即可卷到屋脊上。机械卷帘机在50～60米长的温室上安装，两个人可以卷起。温室长度超过60米时两个人就卷不动了。

另一种是电动卷帘机，在温室后屋面上中部安装1台电动机和减速机。其他构造与卷帘机相同。

53. 日光温室的光照有何特点？

日光温室生产以冬季为主，正是一年中日照时间最短，光照最弱的时期。冬季本来自然界的光照就比其他季节弱，再加上屋面薄膜的吸收、反射，后屋面1/5左右的面积为不透明覆盖，太阳光不可能全部透入温室内，温室的光照显得不足。即使覆盖新无滴薄膜，采光设计合理，室内的光照也只有外界自然光的70%～80%。薄膜覆盖一段时间后，透光率又有所下降，透过的光就更少了。

(1)**日光温室光照的分布与变化**　日光温室里不但光照明显低于自然界，而且在垂直分布和水平分布上与自然界有很大的差别。

日光温室光照的时空分布：日光温室内光照与自然光照是同步进行的。自然光随季节、地理纬度和天气条件的变化而变化。季节变化和日变化都与光照度的变化具有同步性。其变化规律见图28。

光照的水平分布：日光温室内的光照度，在水平分布上差异不明显。从后屋水平投影以南是光照度最高部位，在0.5米以下的空间里，各点的相对光照度都在60%左右。在南北方向上差异很小，在东西方向上，由于山墙遮荫部分的作用，午前东侧光照度低于西侧，午后光照度西侧低于东侧。温室越长影响越小。后屋面的光照度，由南向北逐渐递减，后坡越长递减越明显。

日光温室光照度的垂直分布：越靠近薄膜越强，向下递减，递减速度比室外大，靠薄膜处相对光强为80%，距地面0.5～1米处为60%，距地面20厘米处只有55%。

(2)**日光温室的光照调节**　日光温室冬季生产，由于日照

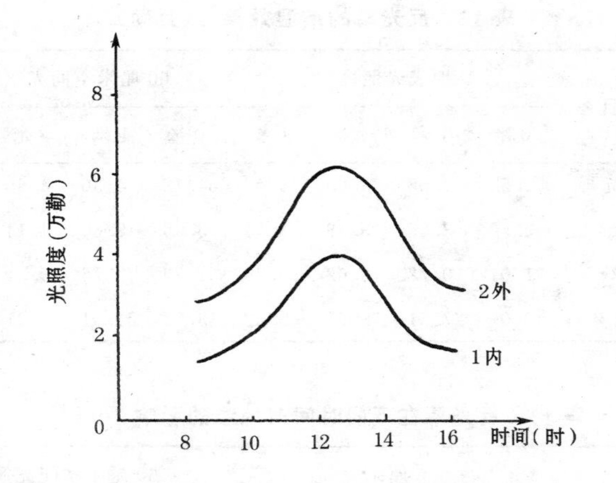

图 28　日光温室光照度与时间关系示意图

时间短,光照度低,对有些作物的生长发育是不利的,特别是后部虽然空间较大,但是光照度弱,作物的产量和品质不如前部空间小的地方。

调节日光温室的光照,首先要进行合理的采光设计,覆盖无滴膜。每天揭开草苫后应清理薄膜表面,防止草屑、灰尘影响透光。

在后墙处或栽培畦北侧张挂反光幕,可提高后部光照强度。反光幕是辽宁省熊岳农业高等专科学校发明的一项日光温室配套技术,利用镀铝聚脂膜(对接用透明胶布粘接成 2 米宽幅)张挂。张挂方法,在上部拉一道细铁丝,把反光幕搭在细铁丝上,用曲别针固定,也可以裁成 2 米长,一块紧挨一块地张挂。

张挂反光幕后,太阳光照射到反光幕上,反射到反光幕前的地面和空中,增强光照度,对提高气温和地温效果明显(表 12,表 13)。

表 12 反光幕的增温效果 （万勒）

项 目	地表光照度				60 厘米空间光照度			
	0 米	1 米	2 米	3 米	0 米	1 米	2 米	3 米
张挂反光幕	3.51	3.63	3.95	3.43	4.42	4.36	4.65	4.65
对 照	2.50	2.85	3.33	3.14	3.09	3.60	4.14	4.31
增光量	1.01	0.78	0.62	0.29	1.23	0.76	0.51	0.34
增光率(%)	40.0	27.31	18.61	9.22	43.0	21.11	12.31	7.88

表 13 反光幕在不同时间对地温的影响 （℃）

项 目	5 厘米地温			60 厘米空间光照度		
	8 时 30 分	14 时	18 时	8 时	14 时	18 时
张挂反光幕	16.0	25.2	21.4	14.0	22.1	19.8
对 照	14.1	22.3	18.6	13.4	20.3	17.9
差 值	1.9	2.9	2.8	0.6	1.8	1.9

如果注意保管，反光幕一般可使用 5 年，对日光温室后部作物增产明显，从大面积应用来看，平均每 667 平方米可增加产值1 000元以上。

54. 日光温室的温度有何特点？

(1)**日光温室的地温** 我国北方广大地区冬季土壤温度下降很快，地表出现冻土层，纬度越高冻土层越深。如果日光温室采光、保温设计合理，在室外冻土层深达 1 米时，室内土壤温度也能保持在 12℃以上，从地表到 50 厘米深的地温都有明显的增温效应，以 10 厘米以上的浅层增温显著。这种增温效应称之为"热岛效应。"

日光温室土壤温度的水平分布：由于光照的水平分布和垂直分布有差异，各部位接受太阳光的时间和强度不同，地温的水平分布是：5 厘米土层，中部温度最高，由南向北递减；后屋面下低于中部，比前沿地带高；东西方向上差异不大，靠门的一侧变化较大，东西山墙内侧温度最低。

地表温度在南北方向上的变化比较明显，晴天和阴天表现不同，白天和夜间也不一致。晴天的白天，中部最高，向南向北递减；夜间后屋面下最高，向南递减。阴天和夜间地温的变化较小。

冬季日光温室里的土壤温度，在垂直方向上的分布与外界明显不同。在外界自然条件下，0～50 厘米的地温随深度的增加，即越深温度越高，不论晴天或阴天都是一致的。日光温室里情况完全不同，晴天上层温度高，下层低。阴天，特别是连阴天，越是靠地表温度越低，因为阴天太阳辐射能少，气温下降只能靠土壤贮存的热量补充。如果连续 7～10 天为阴天，其地温只能比气温高 1℃～2℃，对某些作物就要造成危害。

晴天白天地表 0 厘米温度最高，随深度的增加而递减，13 时达到最高；夜间以 10 厘米深处最高，向上向下均低。20 厘米深处的地温白天与黑夜相差很大。阴天时，20 厘米深处地温最高。可见，日光温室增施有机肥并深翻，对改善 20 厘米深耕作层的吸热和贮热能力具有重要作用。

(2)**日光温室的气温**　晴天太阳辐射强时，气温上升快，温度高；阴天散射光，温室气温也有一定的提高；夜间盖上草苫后短时间略有回升，以后一直呈下降状态。保温设计合理，下降缓慢，下降幅度很小。

冬季，日光温室的气温远远高于外界气温，但是与外界温度有相关性。外界气温高，室内气温也高；外界气温低，室内气温也较低。但是室内外温度并不是呈正相关，有时外界气温很低，但是太阳光充足，室内气温仍较高。有时外界气温不低，但是阴天，室内气温也很少上升。

如果日光温室采光、保温设计合理，室内外温差可达25℃以上，即使凌晨降到－20℃，室内气温可保持5℃以上（表14）。

表14 日光温室在不同天气条件下室内外温度比较 （℃）

日期（月·日）	天气条件	最低气温 内	最低气温 外	增温	最高气温 内	最高气温 外	增温	平均气温 内	平均气温 外	增温
12·25	晴	9.7	－5.8	15.5	29.0	0.9	28.1	16.1	－2.8	18.9
1·15	有时多云	9.5	－9.0	18.5	25.0	2.0	23.0	14.8	－1.7	16.5
12·26	阴天	8.0	－8.4	16.4	15.5	－2.3	17.8	10.9	－5.2	16.1
12·27	阴有小雪	9.2	－10.0	19.2	9.2	－0.8	10.0	8.6	－7.3	15.9
12·30	连阴3天	7.4	－4.2	11.6	14.5	－0.8	15.3	9.6	－2.9	12.5
1·3	阴转晴积雪有雾	8.7	－19.6	28.3	28.3	－0.7	29.0	13.9	－11.7	25.6

55. 日光温室的湿度有何特点？

日光温室的湿度条件包括土壤水分和空气湿度。

（1）**土壤水分** 日光温室的土壤水分来源于休闲期自然降水的贮存和人工灌溉。水分消耗的途径：一是作物蒸腾，二是地面蒸发。前期作物植株小，蒸发量少，以地面蒸发为主，后期蒸腾量、蒸发量都大。

由于日光温室冬季很少通风，因而水分散失少，土壤深层水分不断通过毛细管上升，即使土壤水分有些不足，地表仍呈现不缺水的假象。容易耽误浇水，影响作物正常生育。

日光温室的土壤水分，具有季节变化和日变化规律，与天气情况和管理情况都有关系。冬季温度低，作物生长量少，通风量也小，水分消耗少，浇水后湿度明显增大，持续时间也长。秋末、春末和夏初气温高，光照强，作物生长旺盛，蒸腾量大，通风量大，通风时间长，水分消耗就多。在一天中，白天水分消耗量大于夜间，晴天大于阴天。

(2)空气湿度　日光温室空气湿度高，特别是冬季很少通风时，即使是晴天、夜间和早晨，相对湿度也比外界高出 5 倍以上。这种高湿条件，对多种作物的生育是不利的，并且容易引起病害的发生和蔓延。

日光温室空气湿度与温度有密切的关系。每立方米空气中含有水的质量相同时，温度越高相对湿度越小。每立方米含水量为 8.3 克，气温 8℃时，相对湿度为 100%；12℃时，为 77.6%；16℃时，为 61%。在空气中，水分得不到补充时，随着温度的升高，相对湿度随之下降。开始温度每升高 7℃，相对湿度下降 6%～5%，以后下降 4%～3%。随着温度的升高，地面蒸发和作物叶面蒸腾也在增加，空气中的水分在不断得到补充，只是补充的量低于下降的速度。

空气相对湿度的变化，随季节和天气的变化而有差别。从季节来看，低温季节变化幅度大。从天气来看，一天中夜间比白天大，阴天比晴天大。从管理上看，通风前空气相对湿度大，通风后下降；浇水前湿度小，浇水后湿度增大。

56. 日光温室的气体有何特点？

日光温室气体条件与露地不同之处是可控制的，但其二氧化碳的不足及有害气体成分对作物生长带来了不良影响。

(1)**二氧化碳**　大气中二氧化碳约为0.032%,对很多作物的光合作用都能满足需要,露地生产从来没有因为二氧化碳不足而影响光合作用的,这是因为空气不断流动,作物叶片周围不断有新鲜空气补充。日光温室是一个封闭或半封闭的环境系统,在冬季很少通风的情况下,二氧化碳的主要来源是靠增施有机肥,有机肥经过土壤微生物的分解而产生二氧化碳。在有机肥数量不充足,又有地膜覆盖的情况下,二氧化碳有时满足不了光合作用的需要。所以,温室冬季生产施用二氧化碳气肥,能明显地提高作物的产量和品质。

不同作物二氧化碳的饱和点不同。同一种作物在不同的温度、光照条件下,其二氧化碳的饱和点也不相同。在人工施用二氧化碳时,应根据不同的作物和不同的条件具体对待。生产实践证明,将日光温室内的二氧化碳浓度提高到大气二氧化碳含量的3～5倍,即1 000～1 500 ppm,对黄瓜、冬瓜、番茄等多种蔬菜作物的光合作用是有利的。在阴天时,二氧化碳的浓度为500～1 000 ppm 比较适宜。

施用二氧化碳的方法很多。施放干冰、液态二氧化碳,纯度高,不含有害气体,施用浓度也容易掌握,但成本高,不容易推广。目前应用最普遍的是化学反应法,即硫酸与碳酸氢铵反应,除了产生二氧化碳,还产生硫酸铵。其反应方程式为:

$$2NH_4HCO_3 + H_2SO_4 \longrightarrow (NH_4)_2SO_4 + 2H_2O + CO_2\uparrow$$

使用时先稀释硫酸,备好耐酸的缸,先放入清水,再把相当于水量1/7的浓硫酸缓慢沿缸边注入水中,边倒入边搅拌。注意不能把水倒入硫酸中,以免激烈反应造成硫酸飞溅伤人。

每667平方米温室设10个点,把耐酸容器吊在1米高处,装上稀释的硫酸,加入150克碳酸氢铵,即可生成二氧化碳。施用二氧化碳应在揭草苫后半小时进行。

目前各地都有二氧化碳发生器出售，使用时可按说明书进行。

另外，市场上已有片状、颗粒状和粉状的二氧化碳肥出售，可根据需要选购。

(2)**有害气体**　日光温室最容易产生有害气体氨和二氧化氮。氨在温室中浓度达到5 ppm时，作物就要受害。施未腐熟的畜禽粪，追施碳酸氢铵、尿素，都容易发生氨气。

二氧化氮也叫亚硝酸气体。一次性地大量施用氮肥，或上茬施肥过多，下茬又大量施用氮肥，都容易发生亚硝酸气而造成危害。

57. 日光温室的土壤有何特点?

不少地区的日光温室进行反季节栽培，为了获得高产，不惜多施肥，不仅基肥施用量大，而且也勤追施化肥。在覆盖条件下，复种指数高，不受雨水淋溶，土壤盐类的积累较多。露地栽培土壤溶液浓度一般为3 000 ppm左右，日光温室可高达7 000～8 000 ppm，甚至超过10 000 ppm。

作物吸水是靠根的渗透压实现的，根的渗透压高于土壤溶液的渗透压时，作物才能顺利吸水。土壤溶液的渗透压与根的渗透压接近时，吸水能力明显减弱。吸收水分不能满足茎叶消耗时，就表明缺水现象。土壤积盐造成作物根系吸水困难。如果土壤溶液浓度过高，渗透压超过根的渗透压，作物体内的水分就要反渗透到土壤中，导致死亡。

生产过程中有时发现土壤并不干燥，而植株表现出缺水现象，其原因就是盐类积累造成的。这是日光温室土壤条件容易发生的问题。

改善日光温室的土壤条件主要靠多施有机肥。有机肥中不仅含有氮、磷、钾和多种微量元素，还有利于微生物繁殖和分解有机物、提高土壤的缓冲能力。

如果温室土壤出现了积盐危害，再消除是比较困难的，因此应注意降低土壤溶液浓度，避免盐害发生。一般在夏天休闲期揭掉薄膜，利用伏雨自然淋溶或大量灌水洗盐。

在休闲期还可种植吸肥力强的禾本科作物如玉米等，将玉米割后翻入土中作为有机肥料。玉米在生长过程中，把土壤中可溶性无机态氮变成植物体内不溶于水的有机态氮，因而降低了土壤溶液浓度。另外，施入土壤中的植物鲜体含碳较多，在分解过程中，土壤微生物从土壤中夺取可溶性氮，也有利于降低盐类浓度。

温室土壤还容易发生土传病害，其原因是连续栽培同一种或同科作物造成的。为防止土传病害的发生，应拓宽生产领域，多种蔬菜进行轮作倒茬，还可栽培果树、食用菌和花卉等经济作物。

58. 日光温室遇到灾害性天气怎么办？

日光温室生产主要在冬季、早春进行，生产过程中难免出现灾害性天气，如果不及时采取措施，就要遭受损失。

灾害性天气有大风、暴风雪、寒流、连续阴天和久阴骤晴等。

（1）大风天气　有时遇到 8 级以上大风天气，白天揭开草苫后，如果屋面弧度较小，容易使薄膜受损坏，需要及时紧压膜线或放部分草苫压住。

夜间遇到大风，草苫容易被吹得七零八落，使前屋面暴露，加速了散热，作物遭受冻害，薄膜也容易破损。因此，必须及时检查，发现离位的草苫要立即拉回原位压牢。

(2)**暴风雪**　冬季、早春有时出现大北风的降雪天气，前屋面上雪越积越厚，如不及时采取措施，很有可能把温室压塌，造成严重损失。遇到这种情况，要及时用刮雪板把雪刮下。

(3)**寒流**　严寒冬季有时出现寒流，突然降温10℃以上。在晴天时出现寒流一般不容易受害，因为温室贮存的热量较多，寒流持续时间不会太长。但如果连续几天阴天，温室中热量已经很少时，再遇到寒流就容易遭受冻害。遇到这种情况，要及时采取措施。常用的方法有扣小棚保温，小拱棚还可扣防水纸被。不便于扣小拱棚时，可临时采取辅助加温的方法。辅助加温的方法很多，如临时生火炉，放炭火盆等。如降温不太严重时，可在前底脚处每隔1米点燃1支蜡烛(500克6支规格)。

(4)**连续阴天**　低纬度日照百分率低的地区，冬季温度不是很低，但是经常出现阴天，有时连续阴天。遇到这种天气，只要不出现寒流，每天都要揭开草苫接受散射光。因为散射光在一定程度上能提高温度，并在作物光补偿点以上。如果不揭开草苫，作物不能进行光合作用，只有消耗没有积累，短时间尚可恢复，时间过长必然受害。

(5)**久阴骤晴**　日光温室冬季、早春遇到灾害性天气，连续几天揭不开草苫，一旦骤然晴天，揭开草苫后，光照很强，温度迅速上升，作物水分蒸腾加快，而根系吸水缓慢，向地上输送的水分，远远少于蒸腾的水分，此时叶片就会出现萎蔫状态。开始是暂时萎蔫，如不及时采取措施，就会变成永久萎蔫。遇到这种情况，揭开草苫后应注意观察，一旦发现叶片出现萎蔫，应立即把草苫放下，叶片又可恢复，再把草苫卷起来，发现再萎蔫时，把草苫再放下，如此反复几次，叶片一次比一次恢复得快，萎蔫时间越来越短。直到叶片不再萎蔫即停止反复卷放草苫。

有时萎蔫比较重,可用喷雾器向叶片上喷清水,增加叶面湿度,再放下草苫,有促进叶片恢复的作用。如果在暂时萎蔫的叶片上喷1%的葡萄糖溶液,效果会更好。

四、育　苗

59. 怎样设置电热温床?

电热温床是将特制的农用电热线铺设在床土下面,进行加温的苗床。

(1)**地热线的构造与性能**　地热线是由电热丝、塑料绝缘层、引出线和接头组成的。电热丝是发热的原件,塑料绝缘层起绝缘作用和导热作用。在产品出厂时已标明绝缘层的表面温度。引出线的铜芯电线,基本不发热,接头是连接地热线和引出线的,也深埋土中。埋设地热线不仅要保持电流畅通,还要防水和防漏电。设置一般电热温床,可选购每根功率为800瓦～1 000瓦的地热线。长80～100米的地热线,可供10平方米的苗床铺设使用。

(2)**设置电热温床应注意的事项**　地热线只能用于床土下加温,不能作其他通电使用;其功率是额定的,不能截短使用。地热线使用的电压是220伏,使用两条线只能并联,不能串联。铺设地热线不宜交叉、重叠或打结,有条件的可与控温仪配套使用,这样可自动控温。

(3)**电热温床的制作**　为了便于管理,节约电能,电热温床多在日光温室或大棚中设置。一般床宽2米,长5米,土框高出床面 15 厘米左右，面积 10 平方米。整平床面踩实，在两端钉小木桩挂地热线，上面铺床土或摆放育苗容器。

布线方法：先计算出每根地热线的瓦数，再根据选定的功率计算出布线的间距。计算公式：

$$布线间距=\frac{每根地热线的瓦数(瓦/米)}{选定功率瓦数(瓦/米^2)}$$

常用的地热线为 100 米长，则每米的瓦数为 8 瓦；电热温床选定功率为每平方米 80 瓦。代入公式：

$$布线间距=\frac{8\ 瓦/米}{80\ 瓦/米^2}=0.1\ 米$$

布线由 3 个人共同操作，1 人持线往返于苗床两端放线，其余 2 人各在苗床两端将线挂在木桩上。温床布完线，检查通电无阻后再断电上床土。

为了床土温度均匀，可在钉木桩时，将两面边距离适当缩小，中间加大(图 29)。

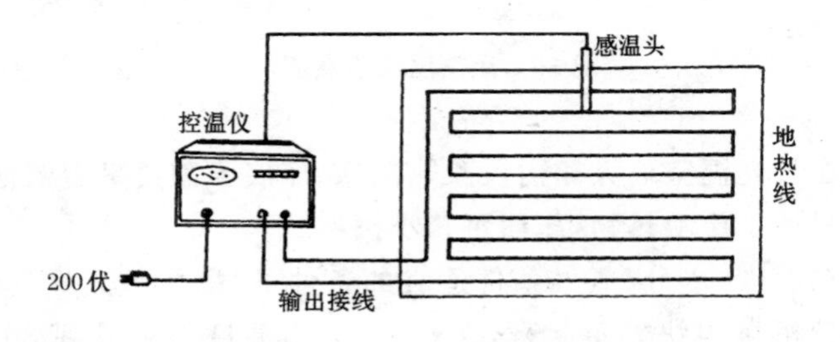

图 29　电热温床示意图

60. 怎样设置酿热温床？

酿热温床可在露地设置，也可在日光温室或大棚内设置。在露地设置，床坑要深，床底呈覆锅形，四周低，中间高。苗床北侧 50 厘米处要设风障，床面覆盖塑料薄膜，夜间加盖草苫保温。

酿热温床普遍以新鲜马粪和稻草为酿热物。首先在床底铺 3～4 厘米厚的乱稻草，踩实，浇透热水，上面铺 10 厘米厚的马粪，踩实。如果马粪含水量过低，需浇水，穿胶底鞋踩实，以有少量水溢出为宜。踩完第一层酿热物，再用同样方法踩第二层，总厚度为 26～27 厘米。

踩完酿热物，用木板做床框，南框高出地面 5 厘米，北框高出地面 20 厘米。木框上用木杆按 50 厘米间距铺好，上面覆盖塑料薄膜，四周埋入土中。夜间加盖草苫（图 30）。

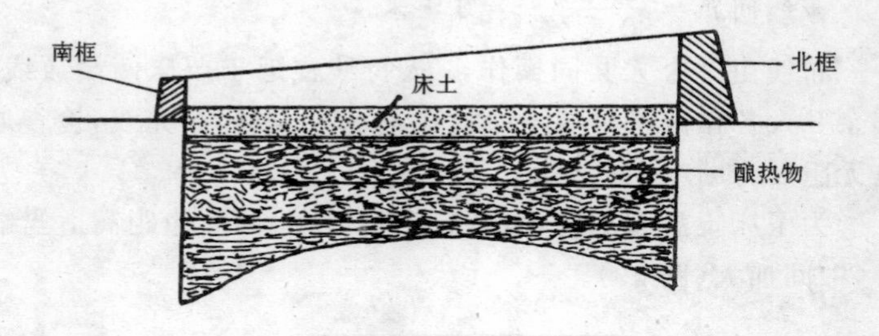

图 30 酿热温床示意图

在日光温室或大棚内设酿热温床，床底不需要呈覆锅形，一般只铺 1 层酿热物，床面可扣小拱棚。

在湿度、水分、氧气条件适宜的条件下，酿热温床好气性纤维分解菌很快繁殖起来，在 5～7 天内温度能上升到 30℃左右，此时铺上床土即可使用。酿热温床上可保持床土温度 20℃左右，可持续 40 天以上。

61. 怎样配制营养土？营养土怎样消毒？

蔬菜育苗应用的土壤，是特殊配制的营养土，要求有高度的持水性和良好的通透性，无侵染病菌和虫卵，富含作物幼苗生长所需要的矿质营养，有适宜的酸碱度。

营养土主要由田土、草炭、有机肥组成。田土或草炭占40%～50%，有机肥占50%～60%。田土宜选用没有种过蔬菜的表土，最好是疏松的大田土。

草炭是配制营养土的理想原料，质地疏松，富含腐殖酸，没有病菌和杂草种子。有机肥以腐熟马粪为最好。猪粪、作物秸秆沤制的堆肥和腐熟的鸡粪均可作配制营养土的原料。有时需要加入少量化肥，可将化肥溶于水中，均匀地喷洒在营养土上。一般每立方米营养土加入0.5～1.5千克三元复合肥。田土和有机肥都要过筛掺匀。

为了预防苗期土传病害，对营养土要进行消毒。常用的方法是：每立方米营养土用福尔马林200～300毫升，对30千克水均匀喷洒，盖上塑料薄膜闷2～3天，即可起到消毒作用。

62. 怎样计算冬瓜种子用量？

计算冬瓜种子用量，要根据每667平方米的栽苗数、种子的千粒重、有效出苗率、种子用价、成苗安全系数来计算。计算公式如下：

$$种子用量=\frac{栽苗株数\times 成苗安全系数}{每克种子数\times 有效出苗率\times 种子用价}$$

式中，插架栽培每667平方米栽苗为2 000株，地爬栽培每667平方米1 000株。成苗安全系数按1.2计算，每克种子数按8粒计算，有效出苗率按80%计算，种子用价按80%计算。

地爬栽培每667平方米栽苗1 000株，代入公式，即

$$种子用量=\frac{1000\times 1.2}{8\times 80\%\times 80\%}=\frac{1200}{5.12}=234克$$

插架栽培种子用量应为469克。

63. 种植冬瓜怎样浸种催芽?

冬瓜在生产上常表现为发芽率不高,发芽势不强,发芽不整齐,有时出现沤种现象。其原因是成熟度不高,或温度不够,氧气不足。冬瓜种子的种皮角质层多而疏松,种子吸水慢;无胚乳,子叶含脂肪皂甙素物质,水分和氧气不容易通过,所以浸种催芽技术比较复杂。

(1)**浸种** 用清洁的小盆,装入70℃左右的热水,水量相当于种子体积的5倍。把种子放入水中,用小木棍向一个方向搅拌,当水温下降到35℃左右时停止搅拌,继续浸泡。保持30℃～40℃水温浸泡6～8小时,如水温在20℃左右需10小时以上。浸种后多次淘洗,出水晾干种皮再催芽。

(2)**催芽** 冬瓜种子发芽适宜温度为30℃～35℃。25℃时发芽慢,发芽也不整齐。温度低于15℃不能发芽。

把浸好的种子用湿纱布包起来,放在小盆中,给予30℃～35℃的温度,每天淘洗两遍,淘洗后晾干种皮再包起来催芽。

最好采用混沙催芽方法。从河中捞取沙子,用水淘洗掉泥浆后过筛,用相当于种子体积的4～5倍的沙子与种子混合,每天上下翻动2～3次,沙子见干时补充水分,装入小盆中放在30℃～35℃处。出芽后用水把种子分离出来,选出芽整齐一致的种子播种。

64. 种植冬瓜怎样播种和管理?

在温床铺10厘米的细沙(从河里捞细沙过筛,洗掉泥浆),浇温水,撒播已催出芽的种子,种子间距2厘米左右,覆盖2厘米厚的细沙。

播种后,白天保持28℃～32℃,夜间18℃～20℃。细沙温度始终保持在20℃～22℃，可使出苗迅速整齐。两片叶子展开时，适当降低温度，白天保持22℃～25℃，夜间15℃～18℃。

用沙床播种，通透性好，始终保持水分适宜，水多了存不住，水分不足立即表现出来，当床面细沙干到1厘米时，即可浇水。

沙床温度升高也较快，床面扣小拱棚有利于夜间保温。

冬瓜在第一片真叶展开前，不需要吸收矿质营养，处在异养阶段，所需养分由种子自身提供。

65. 种植冬瓜怎样移苗和护根？

用10厘米×10厘米的塑料钵，或用旧薄膜自制育苗筒装营养土移苗。自制薄膜筒直径10厘米，高10厘米，上下口粗细一致。装营养土后底部要捣实，上口留3厘米不装，以便于浇水。

选晴天上午移苗。在第一片真叶展开前，从沙床把幼苗起出来，选两片子叶形状标准，下胚轴高矮一致，根系发达而色白的苗，栽在筒的中央，栽苗深浅要一致。栽后浇足水，水渗下后，营养土将下沉一部分，可在筒上面盖一些营养土，摆入苗床，苗床摆满后，床面扣小拱棚。

采用上述移苗方法，栽苗时可进行选择，不但对两片子叶大小、形状，下胚轴的粗细长短可以选择，连根系都可以进行选择，比刚催出小芽就直接播种于容器的移苗方法，成苗率高，秧苗整齐，还可节省容器。

66. 冬瓜温室和露地温床育苗怎样管理？

日光温室早春茬冬瓜和塑料大棚春茬冬瓜育苗正处在冬

季寒冷季节，需要在日光温室内设置温床进行。小拱棚短期覆盖栽培冬瓜、地膜覆盖栽培冬瓜，因为定植较晚，育苗可在露地设置温床进行。所以，其管理技术措施也不相同。

(1)**温室中温床育苗管理**　从第一片真叶展开到定植前7～10天，要促进幼苗生长，白天保持25℃～30℃，夜间保持15℃～20℃，保持10℃左右的昼夜温差。在定植前7～10天，白天把温度降到20℃～30℃，夜间降到10℃～15℃。定植前2～3天，夜间降到8℃～10℃。

在整个育苗过程中，要采取控温不控水的原则，保持见干见湿，普遍喷水与个别浇水相结合，对生长较慢的幼苗多浇些水，以促使其快长。

发现秧苗生长不整齐时，可调换一下位置，把较小苗的容器调到条件较好的位置，把大小一致的苗摆放到一起。

为了提高光照度，可在苗床北侧张挂反光幕，有提高秧苗素质的效果。

(2)**露地温床苗期管理**　在露地设置温床育苗，多采取床土移苗、割坨定植的方法。在温室或温床利用沙床箱播种，当作物两片子叶已展开、真叶未出现时，移入温床。提前铺好10厘米厚的床土，选有南风的晴天，按株行距10厘米栽苗。浇足底水，床面薄膜四周埋入土中，密闭保温，真叶展开后开始通风。温室调节参照温室温床育苗进行。

露地温床浇水时，需要揭开薄膜，因此必须选在晴天或风速很小的南风天进行。在上午用喷壶喷水，浇完应立即覆盖薄膜。同时要注意通风，防止空气湿度过大。

定植前1天要灌大水，使10厘米深的床土湿透，以便于定植时割坨。

67. 小拱棚育苗怎样通风？

为了便于管理，使秧苗生长整齐一致，在露地设置温床或冷床，凡是育成苗的苗床，都改为床面扣小拱棚，以便于通风，调节床温。

小拱棚高50～60厘米，覆盖由两幅薄膜烙合的大幅薄膜。在烙合处，每米留出30厘米不烙合，覆盖到棚架上，四周卷入高粱秸或细竹竿。用8#铁丝上弯成钩，压住卷筒插入土中固定(图31)。

开始通风时，由于外界气温低，可从顶部通风，用30厘米长的高粱秸，把未烙合的部分支起形成菱形通风口，使苗床中部温度低于四周。这样，可避免四周秧苗矮小，中部高大，甚至徒长。

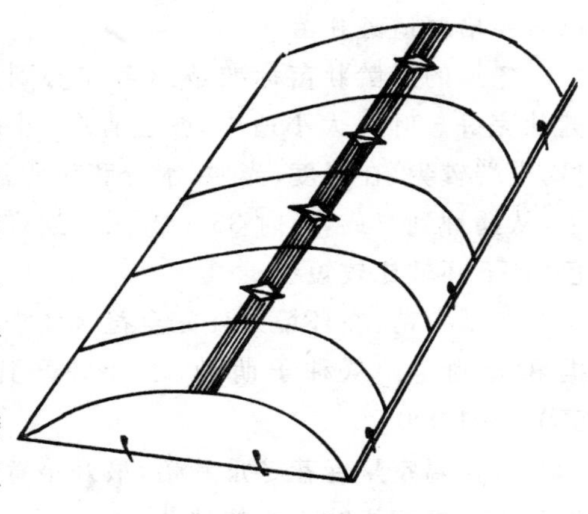

图31 床面扣小拱棚示意图

在露地温床育冬瓜苗，地温可保持稳定，但气温受外界影响较大。在这种情况下，提高秧苗素质，关键在于通风技术。在外温开始升高以后，只靠通顶风，小拱棚内温度仍高于适宜温度(适温范围23℃～32℃)，可采用通侧风降温，开始顺风通风，由背风的一侧支起几处薄膜通风。经几次顺风通风以后再进行逆风通风，从逆风的一侧支开几处通风口，让冷空气直接吹入棚内。外界气温进一步升高后，两侧都开通风口，进行对流通风，经过对流通风，秧苗得到锻炼，增强了抗逆性，秧苗基本长成。距定植期较近时，选取有南风的晴天上午揭开薄膜进行大通风。大通风时，揭开薄膜立即用喷壶喷水，太阳下山前再盖上薄膜。

68. 冬瓜适龄壮苗应达到什么标准？

冬瓜的幼苗期是从两片子叶展开，到出现 6 片真叶开始抽生卷须。但由于冬瓜的根系木栓化较早，再生能力差，如苗龄过长，定植后对根系发育不利，不容易长成强大的植株，所以需要培育适龄壮苗。

冬瓜的适龄壮苗标准是:3 叶 1 心到 4 叶 1 心，两片子叶健壮完好。叶片大小适中，颜色青绿，叶片肥厚，叶缘缺刻明显，先端较尖，在温度、光照、水分和矿质营养条件适宜的情况下，从播种到育成，历时 35～45 天。这样的秧苗根系发达，根色白，下胚轴比较短粗。

冬瓜育苗，在环境条件完全符合要求时，育苗所需日期根据积温确定。从种子萌动、子叶展开到 4 叶 1 心，需积温 800℃～1 000℃。

日光温室早春茬冬瓜栽培，最好培育 3 叶 1 心的秧苗，其他茬口应培育 4 叶 1 心的秧苗。

69. 冬瓜定植前怎样炼苗？

在冬瓜育苗环境条件比较好的情况下，可以培育出适龄壮苗，但同时也带来了如何适应定植后的环境条件问题。日光温室早春茬、塑料大中棚春茬，小拱棚短期覆盖栽培、地膜覆盖栽培，都以早熟栽培为目的。在条件允许的前提下，都要尽量提早定植。定植初期难免出现寒流，出现较大的昼夜温差和短时间的低温。为了提高秧苗的抗逆性，定植前必须进行低温炼苗。

日光温室和大棚栽培的冬瓜，定植前7～10天，白天温度为18℃～22℃，夜间为10℃～14℃。定植前2～3天，应给予短时间4℃～6℃的低温。

小拱棚和地膜覆盖的冬瓜，在露地苗床育苗，定植前7～10天白天应大通风，定植前2～3天要通夜风，即夜间不盖薄膜。但要注意观察天气变化，温度在5℃以上可不覆盖，当外界气温降到5℃以下时，要盖上草苫以防霜冻。

五、定植及管理

70. 插架冬瓜怎样整地施基肥？

插架冬瓜日光温室和塑料大棚栽培，每667平方米撒施有机肥3000千克，翻20厘米深，耙平地面，按大行距100厘米、小行距60厘米开深沟，沟内施有机肥2000千克，过磷酸钙100千克，硫酸钾30千克。沟内灌水后合垄，垄底宽60厘米，垄台宽30厘米，垄高15厘米，在大行距的中间做1个埂，作为人行通道。

这样整地，便于在小行距的两垄上覆盖地膜，大行距间的通道既便于管理，又便于通风透光，提高栽苗密度（图32）。

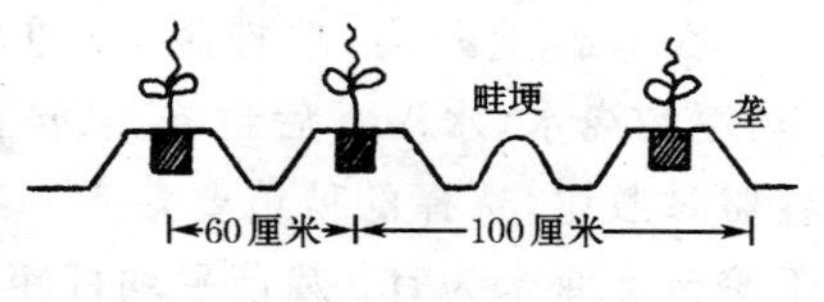

图32　插架冬瓜整地示意图

71. 地爬冬瓜怎样整地施基肥?

塑料中棚空间小,不便于插架。小拱棚和地膜覆盖栽培冬瓜,也不需插架,所以整地的方法与插架冬瓜不同。冬瓜喜温,定植较晚,定植后生育前期尚有较多的剩余营养面积,可以套作耐寒的速生蔬菜,以提高土地利用率,增加产量和产值。

每 667 平方米撒施有机肥5 000千克,深翻 20 厘米,耙平,做成 1.5 米宽的畦,每个畦用小埂隔成 1.1 米宽和 0.4 米宽的两个畦子。在 0.4 米的畦中施入过磷酸钙 100 千克,硫酸钾 30 千克,翻入土中。大畦中做完畦立即播种水萝卜、小白菜、油菜、香菜、茼蒿、茴香、生菜等耐寒速生菜,小畦内定植冬瓜。

地膜覆盖冬瓜可只覆盖小畦,小拱棚短期覆盖栽培冬瓜,为使速生菜提早上市,可在播种后把 1.5 米的两个畦同时覆盖。

72. 日光温室冬瓜怎样定植?

因地区纬度不同,采光和保温性能存在差异。各地区早春茬冬瓜的定植期不一致。大体在立春前后,10 厘米地温稳定通过 13℃时即应定植。

在垄台上开沟,按株距 40 厘米摆苗,脱下容器,培少量土,逐沟浇水,水渗下后封掩。栽苗前 1 天给容器浇水,以免脱容器时散坨。选择的秧苗要整齐一致,栽苗深度以苗坨表面低于垄台 2 厘米为宜。栽苗平均株距 40 厘米。温室前部光照充足可适当缩小株距,后部适当加大。

封掩后,用木板把垄台和垄帮刮光。在小行距的两垄上覆盖 1 幅地膜,南北两端埋入土中。每株秧苗开两个纵口,把秧苗引出膜外后，用湿土把膜口封严。

日光温室后部通道占50～60厘米宽，每667平方米实际栽苗数为1 900～1 950株。温室跨度越小栽苗越少。

73. 大中棚冬瓜怎样定植？

当外界气温稳定通过－3℃以下、棚内10厘米地温稳定通过11℃以上时，即可以定植冬瓜苗。中棚空间小，热容量少，定植期应比大棚晚。有条件可以进行外保温(盖草苫)的中棚，定植期应比大棚提早。

大棚整地方法与日光温室相同，定植方法也相同。大棚不像日光温室，因后部通道占去部分面积，每667平方米栽苗数为2 000～2 050株。栽完苗最好扣小拱棚。不扣小拱棚的，应在10厘米地温稳定通过13℃时定植。

中棚整地方法与小拱棚短期覆盖、地膜覆盖栽培的方法相同，在40厘米的小畦中间开沟，把秧苗按40厘米株距摆于沟中，培少量土后浇水，水渗下后封埯，封埯后苗坨的上表面低于畦面2厘米。每667平方米栽苗1 000～1 100株。也可当时不封埯，2～3天后松土封埯。

74. 小拱棚冬瓜怎样定植？

小拱棚短期覆盖栽培冬瓜，应选用大果型品种，在当地终霜前15天左右，选坏天气刚过去、好天气刚开始时定植。定植前1天给苗床浇透水，定植时边割坨边栽苗。

提前扣上薄膜的小拱棚，定植时要撤下薄膜，拔掉骨架，在小畦中间开沟，把苗坨按40厘米株距摆入沟中，深浅要一致，埋少量土后灌足定植水，水渗下后封埯，苗坨上表皮低于畦面2厘米。

定植要在上午进行，栽完一畦小拱棚立即扣膜，薄膜四周埋入土中踩实，以防被风吹开。

定植时，同时给大畦中的速生蔬菜浇水追肥。小拱棚栽培冬瓜，以4叶1心的苗龄为适宜。每667平方米栽苗1100株。

75. 地膜覆盖冬瓜怎样定植？

地膜覆盖栽培冬瓜应选用大果型品种。覆盖方法有两种：一种是地面覆盖，另一种是近地面覆盖。

地面覆盖栽培除了撒施有机肥以外，还应开沟施肥，灌水后做成50厘米的垄，用窄幅地膜把垄台和垄帮提前覆盖，以提高地温。垄间的100厘米空地也可以进行套作，但是只播种80厘米宽。

定植时在垄台上按40厘米株距，在薄膜上割"十"字口向四面挖开，用小铲开穴，把苗坨摆入穴中，穴内浇足水，水渗下后封掩，整平垄台。苗坨上表面低于垄台2厘米，把地膜拉回原处，用湿土封严膜口。

地面覆膜必须在终霜后3～5天定植，也是边割坨边栽苗。

近地面覆盖是在40厘米的小畦中定植，方法与小拱棚短期覆盖栽培相同。定植后，在小畦上用树条插上小拱架，小拱架间距40厘米，高30～40厘米，覆盖地膜后，四周埋入土中踩实。

近地面覆盖栽培，可在终霜前7天左右定植。

地膜覆盖栽培，每667平方米栽苗1100株左右。

76. 日光温室冬瓜怎样进行温度管理？

定植后，密闭5～7天不通风，在高湿的条件下促进缓苗。因为冬瓜耐高温，40℃的气温同化作用仍很旺盛。由于气温高可使地温升高，有利于根系发育，缓苗秧。

缓苗后白天保持25℃～30℃，超过30℃时应通风，降到25℃以下关闭或缩小通风口。夜间尽量保持在15℃以上，争取地温达到18℃以上。

进入开花结果期，气温高于35℃或低于15℃都会影响花器的正常发育，不利于授粉受精，而导致落花落果。白天超过27℃就要通风，保持25℃～27℃。随着外温的升高，当外界最低温度达到15℃以上时，揭开前底脚围裙昼夜通风。

77. 日光温室冬瓜怎样进行肥水管理？

如定植水浇足，在地膜覆盖条件下，前期不需要浇水。当蔓长到30～40厘米时，开始浇水并结合追肥。冬瓜对肥水比较敏感，吸收能力强，前期追速效氮肥容易徒长，每667平方米追施三元复合肥20～30千克，溶化于水中，揭开北部垄端的地膜，顺水灌入暗沟中，再把地膜盖严。接着控制水分，促进根系发育，防止地上部徒长。

坐住瓜后开始追肥浇水，隔5～7天浇1次水，浇两次水追1次肥。浇水应在明沟和暗沟交替进行，追硝酸铵肥20～30千克。

明沟浇水后，表土见干时要进行中耕。结合除草，提高土壤通透性，减少水分蒸腾。

温室开始昼夜通风时，可结合灌水追人粪尿，每次每667平方米顺水冲入人粪尿1 000～1 500千克，共追两次。

78. 大中棚冬瓜怎样进行温度管理？

塑料大中棚栽培冬瓜，定植后以保温防冻为主，缓苗期间闭棚不通风，以延长高温时间。冬瓜定植后如遇寒流强降温，需要扣小拱棚保温。白天揭下小拱棚薄膜，午后温度降到20℃以下时，盖上薄膜。

冬瓜缓苗后，白天棚内超过35℃时开始通风，大棚从底脚围裙上扒缝通风；中棚不设底脚围裙，从两侧支开薄膜通风口。初期扫地风对冬瓜生长不利，需在拱架内衬上50～60厘米高的围裙，通风时冷空气可从围裙上进入棚内。大中棚昼夜温差大，植株不容易徒长，所以在温度管理上应尽量延长高温时间，白天比日光温室冬瓜栽培的温度可高2℃～3℃。随着外温的升高，要逐渐加大通风量，延长通风时间，按冬瓜发育过程对适宜温度的要求进行调节。在外界最低气温达到15℃以上时，揭开底脚围裙昼夜通风。

79. 大中棚冬瓜怎样进行肥水管理？

大中棚冬瓜不覆盖地膜，定植后如水分不足可浇1次缓苗水，在表土见干时进行1次中耕。

缓苗后顺沟灌1次大水，以诱导根系从垄上向行间发展，扩大根系分布范围。在蔓长到30～40厘米以前不再浇水，进行两次细致中耕。第一次深锄，第二次浅锄。

当蔓长到30～40厘米时开始追肥灌水，每667平方米追三元复合肥20千克，撒在垄沟和垄帮，顺沟灌水，2～3天后进行中耕培垄。坐瓜前不再追肥浇水，以防徒长。

冬瓜开始膨大时，需水需肥量较大。这时期外温已经升高，大中棚通风量大，土壤水分蒸发快，需要浇水，每5～7天浇1次。浇两次水追1次肥，每次每667平方米追施硫酸铵20～30千克。

80. 棚室冬瓜怎样插架？

日光温室和塑料大棚栽培小果型冬瓜，需要插架。当蔓长达到30～40厘米时，每株冬瓜旁插1根细竹竿，在植株一侧10厘米处垂直插入土中。冬瓜茎蔓繁茂，果实较重，容易使架竿歪斜甚至倾倒，需要用3～4根细竹竿逐一与立竹竿绑牢连成整体，构成篱壁架。同时，要把每排篱壁架与温室大棚的立柱或拉杆连接并绑牢，以加强稳固性。

温室的前屋面半拱形，前部较低，插架时竹竿高度要低于屋面高度，架竿顶部与屋面薄膜要保持10厘米左右的距离。因为竹木结构的温室前屋面拱杆的弹性较大，卷放草苫时，容易下沉，架竿顶梢与薄膜距离太近，容易扎破薄膜。塑料大棚的两侧也比较低矮，需要插较短的竹竿。

81. 种植冬瓜怎样绑蔓和整枝？

冬瓜的蔓较长，架的高度有限，在引蔓上架前应先进行盘条，在蔓长到30～40厘米时，将侧枝和卷须摘除，把茎蔓由北侧开始向一个方向弯成半圆圈，待龙头长高后再引到架上。这样，等于把架增高30～40厘米。

大棚不盖地膜，可挖4～5厘米深的沟，将茎蔓埋入沟中，叶片和龙头留在外面。盘条后结合浇水，还可在埋蔓部位灌入5 ppm的萘乙酸，促使其发生不定根。

盘条后瓜蔓再超过30厘米长时，可引其上架，第一次距地面18～20厘米，第二次距地面50厘米左右。蔓时，一次朝南，一次朝北，呈“之”字形往返绑在架上。绑蔓最好绑在坐瓜的节位，要松紧适度。蔓要绑在横杆上，以便于吊瓜。如果栽培密度较大，可进行单蔓整枝，除了主蔓以外，侧蔓和卷须一律摘除。在主蔓第十节以上，连续结 3～4 个瓜，在最后 1 个瓜坐住以后，瓜前留 5～6 片叶摘心。

82. 种植冬瓜怎样进行人工授粉？

冬瓜是雌雄同株异花，属于虫媒花，靠昆虫授粉。日光温室早春茬冬瓜开花较早，很少有昆虫活动。需要进行人工授粉。

冬瓜先开雄花，后开雌花。一般雄花多，雌花少。雌花都是在上午露水基本干后开放。晴天在 9～10 时开放，阴天或湿度大、温度低时延到 10 时以后。雌花盛开是授粉的最佳时期。

第一朵雌花出现较早，以后隔 1～3 节连续出现雌花。将第一朵雌花摘掉，从第二朵雌花开始，每天进行人工授粉，用清洁的毛笔从雄花上蘸上花粉，轻轻涂抹在雌蕊的柱头上，或将雄花摘下，撕掉花瓣，插在雌花上。据测定，人工授粉的坐果率为 91％。

83. 种植冬瓜怎样选瓜、留瓜和吊瓜？

冬瓜授粉受精以后，子房开始膨大，当其增重到一定程度时，果柄自然下垂，形成“歪脖”后，表明瓜已坐住。在天气情况正常、温光条件适宜的情况下，可坐住几个瓜，它们互相争夺养分，应选留一个瓜形圆整、发育较快，果柄较粗的瓜，其余的疏掉。留下的瓜膨大到一定程度，再继续留上部的瓜。

第一个瓜因坐果部位低，有时生长到一定大小时即触及地面，在没有地膜覆盖的条件下，可在瓜下用一小块旧薄膜垫上，以防湿度过大造成烂瓜，或遭受地下害虫咬食。

冬瓜的果实较重，小型果的果实也有1～2千克重，瓜蔓很难承担其重量，需要进行吊瓜。吊瓜的方法是：将青草弯成圈，托在瓜的底部，用3条塑料绳拴住草圈绑在篱壁架上的立杆和横杆交接处。

84. 小拱棚和地膜覆盖栽培冬瓜怎样管理？

（1）**小拱棚短期覆盖栽培**　定植后密闭保温。因覆盖普通薄膜，其内表面布满水滴，即使晴天光照充足，小棚内温度达到40℃，也不会灼伤叶片。缓苗后，先把小棚两端薄膜揭开通风、灌水，保持棚内较高的湿度。外温升高后，棚内温度超过30℃时，从背风的一侧支起几处薄膜通侧风。通几天侧风后，再从逆风的一侧支起几处风口通逆风。几天后再从两侧开风口通对流风。经过通风锻炼，秧苗提高了抗逆性。在外界温度完全符合冬瓜生育需要时，在早晨或傍晚撤去小拱棚转为露地栽培。

（2）**地膜覆盖栽培**　普通地膜覆盖冬瓜的定植期与管理技术，与露地栽培冬瓜基本相同。改良地膜覆盖栽培冬瓜，缓苗后，在小拱棚的地膜上扎孔通风。开始可在株间扎少量的孔，终霜后逐渐增加孔洞。在外界温度完全符合冬瓜生育要求时，抽出拱架树条，把秧苗引出膜外，用土把地膜压住，转为露地栽培。

不论小拱棚栽培冬瓜或地膜覆盖栽培冬瓜，都无需整枝，可任其生长。追肥灌水后，温光条件较好，蔓叶很快布满地面，自然地起到了抑制杂草、保持土壤湿度的作用，虽然坐瓜节位不齐，瓜的大小、成熟早晚不等，但并不影响产量，还能防止日灼。

小拱棚和地膜覆盖栽培冬瓜，不但产量高，还比较早熟，在种萝卜、大白菜等秋菜前可一次性收获倒地。

85. 种植冬瓜怎样使用微肥、激素和进行生育诊断？

冬瓜的花芽幼苗期已经大部分分化，在出现 3～4 片叶，温度较低时用 200 ppm 乙烯利均匀地喷布叶面，有促使雌花大量发生的作用。定植后用 5 ppm 的萘乙酸灌根，可诱发新根，促进缓苗。生育前期用 200 倍液的成功牌肥宝喷布叶片的背面，有促进植株生长和壮秧的明显作用。开始结瓜时喷 1 次 200 倍液的成功牌肥宝，每 7～10 天喷 1 次光合促进剂 Ⅲ 号或绿丰 95，有促进生长的作用。

在冬瓜两片子叶展开时，温度、光照、水分条件适宜，子叶比较肥厚，呈匙形，颜色深绿，下胚轴距地面 3 厘米左右。如光照不足，温度高，昼夜温差小，水分充足，两片子叶大而薄，色淡绿，下胚轴长。

冬季育苗，幼苗期日照时间过短，容易出现上胚轴细长，叶片颜色淡，雌花节位高，雌花数少，花型小的现象。育苗期间长时间温度偏低，影响根系发育，会形成小老苗，表现为叶片小，叶色暗绿，节间短缩，定植后缓苗慢，发棵晚。

植株进入结果期，瓜蔓生长繁茂，迟迟坐不住瓜，是因为抽蔓期浇水过勤，过早追施氮肥，未进行促根控秧而造成植株徒长。

结果期如叶片较小，叶色淡，幼果容易脱落，是缺肥的表现。

六、采收和贮藏

86. 怎样确定冬瓜的成熟度?

冬瓜的成熟度分为食用成熟度和生理成熟度。食用成熟度又叫商品成熟度,果实的体积膨大已经停止,开始转入干物质积累,种子开始发育,果肉已达到应有的厚度,种子尚未充实,这时即可以食用,小果型品种可采收。

生理成熟度是在果实体积膨大停止以后,果肉已达到最大的厚度,种子逐渐充实和成熟,果面上的茸毛完全消失,果皮变厚变硬,呈暗绿色,果面上布满白粉。达到生理成熟度的冬瓜,品质最佳。养分也最充足,这时可以留种。

用小果型品种进行反季节栽培,以连续结瓜而延长供应期为目的。插架栽培,可在达到商品成熟度时采收。

87. 怎样采收冬瓜?

由于茬口安排和栽培方式不同,采收时期也不同。

(1)**小果型品种的采收**　从开花到果实达到商品成熟度需 21～25 天。在果实体积达到最大限度,果肉基本达到应有的厚度,种子尚未发育时采收第一批瓜。第一批瓜采收后对上部的幼果影响较小,能加速上部果实的发育。采收应在早晨进行,采收时要带果柄摘下。

小果型冬瓜采收后必须立即上市,不宜进行贮藏。

(2)**大果型冬瓜的采收**　大果型冬瓜由于不进行整枝,放任生长,坐果早晚不同,可在种秋菜前一次性采收倒地。也可以分期采收，根据市场需要，从田间挑选采收，原则上是选达到生理成熟度的冬瓜。如果市场冬瓜短缺时，也可采收达到商品成熟度的冬瓜，提早上市。

88. 怎样贮藏冬瓜？

冬瓜在果菜类中属于耐贮藏的蔬菜。露地霜冻前采收的冬瓜，如充分成熟，而且贮藏的环境条件适宜，可贮藏到春节。

任何一种蔬菜，采收后仍然是有生命的活体，除了同化作用停止以外，仍进行着各种生理活动，因而可引起质量和数量的变化。其中，呼吸作用是主要的生理活动。呼吸作用要消耗水分、糖、酸、维生素等营养物质。呼吸作用与温度有关。呼吸强度随着温度的上升而增强，温度低则呼吸强度弱。如产品受到机械损伤，增大了与外界空气的接触，刺激了氧化酶的活性，呼吸作用也增强。

冬瓜未采收时，蒸腾的水分，可以由植株不断补给；采收后果实仍在蒸发水分而得不到补给，水分消耗后不但要减轻重量，而且水解酶的活性加强，使有机物分解为可溶性糖类，为呼吸作用提供了更多的基质，可提高呼吸强度。成熟度越低水分蒸发量越大，充分达到生理成熟度的冬瓜，果皮角质化程度高，呼吸和水分蒸发作用较低。

果菜类蔬菜采收后都有后熟作用。后熟作用实际上是生长作用。冬瓜采收后的后熟作用，表现为种子的发育由果肉提供养分。成熟度越低，果肉向种子提供的养分越多。完全达到生理成熟度的冬瓜，种子已经充分成熟而进入休眠状态，生长作用基本处于停止状态，果肉的养分消耗则大量减少。

所以，冬瓜的贮藏原理就是最大限度地降低呼吸作用，减少水分蒸发和后熟作用的消耗。

采收冬瓜须带果柄。在运输过程中要防止挤压、碰撞而造成机械损伤。应挑选生理成熟度充分，未受病虫危害的果实进行贮藏。贮藏环境要求温度较低、空气相对湿度较高。不要让冬瓜见直射光，并要有通风条件。

七、病虫害防治

89. 怎样防治冬瓜疫病？

疫病是冬瓜的主要病害，发生较为普遍。主要危害果实，叶和茎蔓也会受害。瓜受害时，先在靠近地面的部位发生淡土黄色水浸状病斑，病斑稍凹陷，迅速扩大，潮湿时表面密生白色绵状霉，进而病瓜腐烂发臭。叶片发病，病斑黄褐色，潮湿时长出白霉并腐烂。茎上病斑开始暗绿色，后扩大变软，呈现湿腐状，其上部茎叶枯萎。

冬瓜疫病属于真菌病害，病原菌在土壤和病株的残体上越冬，种子也能带菌。初发病多由于灌水、降温、水滴飞溅和空气传播而蔓延。温室和大棚灌水漫垄，会导致疾病的发生和蔓延。

防治冬瓜疫病方法：避免连作；实行高垄栽培、地爬栽培，及时垫瓜；避免直接接触地面，严防大水漫灌和土壤过干后突然灌水。发现病株及时喷药防治，对健株加以保护。可用的药剂有：50％克菌丹可湿性粉剂400倍液，75％百菌清可湿性粉剂500倍液，80％代森锌可湿性粉剂900倍液，25％消毒霉可湿性粉剂800倍液，72.2％普力克水剂600倍液，72％克露可湿性粉剂500倍液，80％大生可湿性粉剂800倍液，77％可杀得可湿性微粒粉剂 500 倍液，68%倍得利可湿性粉剂 800 倍液。每 5～7 天喷 1 次，连续喷 3 次。

90. 怎样防治冬瓜枯萎病？

枯萎病在黄瓜上发生最普遍，危害最严重。近年，温室大棚冬瓜由于嫁接、轮作倒茬困难，也开始发生。多在成株期开花结果后发病，开始中午时植株中下部叶片呈缺水状萎蔫，早晚尚可恢复正常，但萎蔫的叶片不断增加，逐渐遍及全株。叶片萎蔫、恢复，反复 5～7 天，有时发病 2～3 天不再恢复。植株茎蔓近地面处变褐色，水浸状，随之病部表面生出白色和略带粉红色的霉状物，有时病部溢出少许琥珀色胶状物。几天后，病部开始干缩，最后病部表皮分裂似麻状，导致整株萎蔫枯死。

冬瓜枯萎病的病原菌为真菌，可侵染多种植物，仅在瓜类上就有 4 个专化型。病菌在土壤、病残体和未充分腐熟的粪肥中越冬。在土壤中能存活 5～6 年。

病菌主要由根部的伤口侵入，也能直接从侧根分叉或根尖端细胞间隙侵入。侵入后，病菌逐渐穿透薄壁细胞进入维管束，在导管内定居、发育，堵塞导管；病菌分泌的毒素使导管细胞中毒，影响输水机能，致使植株萎蔫枯死。

枯萎病的发生和危害程度同侵染菌源数量、土壤温度湿度有关。气温在 24℃～25℃，相对湿度在 90%以上最容易发病。土壤温度忽高忽低，不利于根系生长和伤口愈合，有利于病菌侵入，发病严重。连续生产瓜类蔬菜，土壤中病菌积累多，病情严重；老温室、大棚发病重；土壤偏酸性，土质粘重，地势低洼，偏施氮肥，农家肥腐熟不充分，地下害虫多，有利于发病。

防治枯萎病的方法：使用无病种子；进行轮作；初见病株时，用药剂控制病情发展，使用的药剂有：50%多菌灵可湿性粉剂 500 倍液，70%甲基托布津可湿性粉剂 700 倍液，5%菌毒清水剂 300 倍液，60%百菌通可湿性粉剂 350 倍液，40%双效灵水剂 800 倍液。或用 20%甲基立枯磷乳油1 000倍液灌根，每株冬瓜灌药液 0.3～0.5 千克，每隔 10 天灌 1 次，连灌 2～3 次。发病后，还可用敌克松原粉 10 克和面粉 200 克调成浆糊涂抹患部，有一定的治疗效果。

91. 怎样防治冬瓜炭疽病？

炭疽病在苗期、成株期均可发生。苗期发病多在子叶边缘产生半圆形病斑，或子叶中央产生圆形淡褐色稍凹陷病斑，病斑上有橘红色粘质状物。有时幼茎在接近地面处发病，产生淡褐色病斑，后病部缢缩，幼苗倒折死亡。成株期发病，最常见的是叶片受害。叶片上的病斑圆形或近圆形，其直径 10～15 毫米。病斑红褐色，边缘常有黄色晕圈，温度高时病斑上分泌出少许橘红色粘状物。干燥时，病斑中部有时可出现星状破裂。茎蔓上的病斑圆形或长圆形，黄褐色，稍凹陷，有琥珀色胶质物溢出。严重时病斑连接，或包围主茎，致使病部以上茎蔓枯死。

瓜上病斑圆形，开始污绿色，后暗褐色，凹陷，有时开裂，温度高时病斑中央溢出大量橘红色粘状物。

炭疽病的病菌为真菌，可侵染多种瓜类。以菌丝体或拟菌核在土壤中越冬，也可以菌丝体粘附在种子表面越冬，在温室、大棚的构件上也能越冬。在适宜条件下，菌丝体产生分生孢子，引起初侵染。发病后，产生大量分生孢子，借风、雨、灌水飞溅传播，农事操作和昆虫也能传播。

病菌在 8℃～30℃范围内均可生长发育，最适温度为24℃～25℃，相对湿度 95%以上最容易发病。地势低洼，排水不良，通风不良，瓜类连茬，植株生长衰弱，容易发病。

防治方法：育苗时对种子进行消毒，用 60%防霉宝超微粉剂 600 倍液浸种 30 分钟，浸后洗净种子，再用 50℃温水浸 30 分钟，或用 55℃温水浸 15 分钟，进行常规浸种。育苗用的营养土中无瓜类残体，并应进行消毒。定植时施足有机肥，生育期避免偏施氮肥。注意通风排湿。

发现病害及时用药剂防治，可选用的药剂有：50%多菌灵可湿性粉剂 500 倍液，50%托布津可湿性粉剂 500 倍液，40%甲基托布津悬浮液 400 倍液，65%代森锌可湿性粉剂 500 倍液，70%代森锰锌可湿性粉剂 500 倍液，50%利得可湿性粉剂 800～1 000 倍液，80%大生可湿性粉剂 500～800 倍液，40%用得可湿性粉剂 400 倍液，2%武夷霉素水剂 200 倍液，80%炭疽福美可湿性粉剂 800 倍液，25%施保克乳油3 000～4 000 倍液。

92. 怎样防治冬瓜蔓枯病？

冬瓜蔓枯病多在成株期发生，主要危害茎蔓和叶片。茎蔓发病，多在节部出现椭圆形病斑，渐渐扩展，可达几厘米长。病斑灰白色，伴有大量琥珀色胶质物溢出，后部纵列呈乱麻状，引起蔓枯。叶片发病，多在叶片边缘产生半圆形病斑，或自叶缘向内呈“V”字形扩展。病斑较大，直径可达 20～30 毫米，甚至更大，有时达到半个叶片。病斑淡褐色或淡黄色，隐约可见不明显轮纹，其上产生许多小黑点。后期病斑破裂。重病株果实也可发病，多在幼瓜期引起花器感染。

蔓枯病是真菌病害，病菌以分生孢子或子囊壳随病残体在土壤中越冬，或以分生孢子附在种子表面上越冬，也能粘附在棚室构件上越冬。带菌的种子发芽后侵染幼苗，引起子叶发病。土壤中病残体所带病菌，第二年直接侵染植株引起发病。发病后，病部产生分生孢子，借风、灌水及雨传播，农事操作也能传播。

病菌喜温、湿条件。20℃～25℃、相对湿度85%以上，土壤潮湿，容易发病，病势发展快。

防治方法：用温汤浸种法进行种子消毒，即用50℃温水浸种30分钟，或55℃温水浸种15分钟，或用福尔马林100倍液浸种30分钟，而后用清水洗净，再浸种催芽。直播时，用相当于种子重量30%的50%苯菌特灵或50%福美双拌种。

与非瓜类作物进行2～3年轮作，定植时施足有机肥，注意通风排湿，控制好湿度。

发现病害及时喷布75%百菌清可湿性粉剂600倍液，或50%托布津可湿性粉剂500倍液，或70%甲基托布津可湿性粉剂800～1 000倍液，或50%多菌灵可湿性粉剂500倍液，或80%代森锌可湿性粉剂800倍液，或50%混杀硫悬浮剂500倍液。每667平方米也可用5%百菌清粉尘1 000克喷撒，或每667平方米用沈阳农业大学研制的烟剂1号350克熏烟。

93. 怎样防治冬瓜病毒病？

病毒病从冬瓜苗期到成株期均可发生。主要危害叶片。发病初期，叶片首先呈现黄绿相间的花斑，严重时叶片皱缩，向后卷曲，幼叶片变小，质地发硬发脆，节间缩短，下部叶片逐渐黄化枯死。轻病株尚可结瓜，但多畸形，重病株不能结瓜。

病毒病主要由蚜虫传播。传毒蚜主要有瓜蚜和桃蚜。整枝、绑蔓等农事操作也能传播。

防治方法：①选用抗病毒病和耐病毒病品种。②播种前进行种子消毒，用10%磷酸三钠溶液浸种20分钟，或用55℃温水浸种30～40分钟。③培育壮苗，适期早定植，施足基肥，适时追肥，及时适度灌水，勤中耕，促进根系发育，提高植株抗性，加强肥水管理，防止早衰。④管理时病株和健株分开操作，以免传播病毒。从育苗开始就要注意防治蚜虫。⑤日光温室栽培，在靠后墙处张挂反光幕，有避蚜作用。⑥经常检查，发现病苗、病株要及早拔除，以免传播蔓延。⑦发病初期及时喷布20%病毒A可湿性粉剂500倍液，或抗毒剂1号250～300倍液，或1.5%植病灵乳剂1 000倍液，或5%菌毒清水剂500倍液，以减缓病情。也可在定植初期喷布83%增抗剂100倍液，以增强植株耐病能力。

94. 怎样防治冬瓜苗期猝倒病？

猝倒病俗称“卡脖子”、“小脚病”。是各地黄瓜、冬瓜育苗期容易发生的病害。在种子萌发或幼苗出土前染病，可造成烂种、烂芽。幼苗出土不久最容易发病而猝倒。初时，其幼茎基部呈水浸状，淡褐色，接着缢缩变细呈线状，地上部因失去支撑能力而倒伏于地。由于病势来得快，刚倒伏时幼苗依然绿色，所以叫猝倒病。

苗床上发病，最初多是零星发病形成中心病株迅速向四周扩展，引起成片倒伏。在苗床湿度高时，病苗残体表面及床土表面有时长出一层白色絮状霉。最后病苗多腐烂或干枯。

病菌是真菌，其菌丝体繁茂，呈白色棉絮状，菌丝无色。病菌主要以卵孢子在土壤中越冬，也能以菌丝体在土壤中的病残体或腐殖质上营腐生生活，能在土壤中长期存活。条件适宜时，菌丝体萌发侵染幼苗。病菌借苗床灌水传播，病菌侵入后在薄壁细胞中扩展。

病菌在10℃～30℃均能活动，当幼细子叶中养分快耗尽，而新根尚未扎实之前，最容易发病，因为这时植株抗病力弱。

防治方法：①利用沙床或沙箱播种，水分、氧气、光照条件适宜，不容易发病。②移苗时对营养土进行消毒。③掌握好温度。④一旦发现个别幼苗发病，可喷25%甲霜灵可湿性粉剂800倍液，或75%百菌清可湿性粉剂500倍液，或64%杀毒矾可湿性粉剂500倍液，或40%乙磷铝可湿性粉剂200倍液，或72.2%普利克水剂400倍液，或15%恶霉灵水剂450倍液，或铜铵合剂(硫酸铜10克加碳酸氢铵550克拌匀)400倍液，密闭24小时即可。

95. 怎样防治地蛆？

地蛆又叫根蛆。为害瓜类的地蛆为种蝇。冬瓜最容易遭受地蛆危害。

冬瓜定植后，幼虫从根茎部蛀入向上串食，导致根茎腐烂或枯死。

种蝇的成虫体长4～6毫米，灰黄色至褐色，腹部背面中央有1条隐约可见的黑色纵纹。卵长约1毫米，长椭圆形，乳白色，表面有网状纹。幼虫体长7～8毫米，蛆形，乳白色略带淡黄色，头退化，仅有1个黑色口钩。体形前细后粗，末端截形，有7对突起。蛹长4～5毫米，长椭圆形，红褐色。成虫在晴天中午最活跃，对未腐熟的粪肥和发酵的饼肥趋性最强。

防治方法：①定植时施用的有机肥必须充分腐熟。②在成虫发生期进行诱杀。其方法是用红糖1份，醋1份，水2.5

份,加入少量锯末和敌百虫,拌匀放入诱蝇器(直径 20 厘米的瓷盆)。每 5 天加半量,保持新鲜。每 10 天更换 1 次。每天在成虫活动盛期打开盆盖诱杀。当诱蝇数量突增或雌雄比例接近 1∶1 时,即为成虫发生盛期,应立即防治。其防治方法:每 667 平方米用 2.5%敌百虫粉剂 1.5～2 千克喷粉。或用 90%晶体敌百虫1 000倍液,80%敌敌畏乳油1 500倍液,25%敌杀死3 000倍液等喷洒,每 7 天喷 1 次,连续喷 2～3 次。

已经遭受地蛆危害的冬瓜田,可选用 25%增效喹硫磷乳油、90%晶体敌百虫、80%敌敌畏乳油、50%辛硫磷乳油和 40%乐果乳油1 000倍液灌根。

96. 怎样防治蚜虫?

瓜蚜即棉蚜,俗称蜜虫、油虫、腻虫。是瓜类蔬菜的重要虫害。如果防治不及时,会造成较大损失。

蚜虫以成蚜、若蚜群聚在叶背面,在嫩梢、嫩茎上吸食汁液。幼苗嫩叶及生长点受害后,叶片卷曲成团,生长点停滞,严重时全株萎蔫枯死。老叶受害后,提前枯落,导致减产。瓜蚜还能分泌大量蜜露落在叶面上,影响植株光合作用和呼吸作用。

瓜蚜属同翅目害虫。无翅蚜胎生雌蚜体长 1.5～1.9 毫米,体黄绿色或深绿色,体表被有霉状薄蜡粉。复眼红色,较短,呈圆筒状,上有瓦状纹。尾片黑色,两侧有 3 根刚毛。有翅胎生雌蚜体长 1.2 毫米,体黄色、浅绿色或深绿色。前胸背板及胸部黑色。腹部背面两侧各存有黑斑 3～4 对,有时有间断的黑色横带 2～3 条。触角比身体短,第二节上有感觉孔 5～8 个。翅无色透明,翅痣灰黄色;前翅中脉 3 支。腹管、尾片与无翅胎生蚜相同。

瓜蚜在北方1年发生10余代，南方20～30代。北方冬季在温室发生和为害。

防治方法：日光温室冬季生产，张挂反光幕可以避蚜。药剂防治可选用20%氰戊菊酯乳油3 000倍液，或20%灭扫利乳油2 000倍液，或2.5%功夫乳油4 000倍液，或2.5%天王星乳油3 000倍液，或10%氯氰乳油2 000～3 000倍液，或21%灭杀毙乳油6 000倍液，或40%乐果乳油加醋加水，按1∶1∶1 500倍喷雾。每667平方米也可用沈阳农业大学研制的烟剂4号400克熏烟。

97. 怎样防治温室白粉虱？

温室白粉虱俗称小白蛾子。近年，棚室蔬菜生产白粉虱发生严重，扩散蔓延迅速，受其危害的蔬菜种类较多。

白粉虱以成虫及若虫群集在叶背面吸食汁液，造成叶片褪色，变黄，严重时植株枯死。白粉虱在为害时分泌大量蜜露，污染叶片和果实，发生煤污病，影响植株的光合作用。

白粉虱属同翅目害虫。成虫体长1毫米左右，淡黄色或淡绿色，2龄以后足消失，固定在叶背面不动。体表有长短不齐的蜡丝。若虫3～4龄不再取食，固定在背面时称“伪蛹”。伪蛹椭圆形，扁平，中央略隆起，淡黄绿色，体背有11对蜡丝。

在北方温室中，白粉虱1年可发生10余代。冬季，它在室外不能越冬，可以各虫态在温室蔬菜上或其他作物上越冬或继续繁殖危害。第二年春天随秧苗移栽或成虫迁飞，不断扩散蔓延，成为保护地和露地虫源。7～8月份虫量增加迅速，8～9月份造成严重危害，10月份随着气温的下降，虫量减少，并迁移至温室越冬。

成虫不善飞，趋黄性强，其次趋绿，对白色有忌避性。随着植株的生长，不断向嫩叶迁移。卵、若虫、伪蛹在原叶上。各虫态在植株上分布有一定的规律。一般上部叶片成虫和新产的卵较多，中部叶片快孵化的卵和小若虫较多，下部叶片老若虫和伪蛹较多。成虫、若虫均分泌蜜露。成虫发育最适宜温度为25℃～30℃，40.5℃时成虫活动力显著下降。若虫抗寒能力强。

防治方法：培育无虫苗，定植前清除残株杂草，喷药消灭残虫。对于容易发生白粉虱的温室，可倒茬生产一茬蒜苗或十字花科蔬菜。在温室或大棚内设置涂粘油黄色板诱杀成虫，或释放丽蚜小蜂或草蛉，可控制虫量。

药剂防治：可用2.5％天王星乳油3 000倍液，或2.5％功夫乳油2 000倍液，或50％乐果乳油1 000倍液喷雾。在密闭条件下，每667平方米用敌敌畏乳油400～600克熏蒸，也可用沈阳农业大学研制的烟剂4号400克熏蒸。

98. 怎样防治蝼蛄？

蝼蛄俗名拉拉蛄、地拉蛄。各地发生普遍，危害严重。成虫、若虫在土中咬食播下的种子、幼芽，或咬断幼苗。蝼蛄在表土下穿行，将表土层窜成许多隧道，使苗土分离，幼苗失水干枯而死，苗床幼苗大量损失。定植后受其危害，造成缺苗断垄。在保护地内蝼蛄活动早，作物受害严重。

危害蔬菜的蝼蛄有两种：非洲蝼蛄和华北蝼蛄。均属于直翅目害虫。非洲蝼蛄成虫体长30～50毫米，灰褐色，全身密布细毛，触角丝状，前胸板卵圆形，中间有一明显暗红色心脏形凹陷斑。前翅鳞片状，灰褐色，仅达腹部1/2。腹末具有1对尾须和1对前足，前足为开掘足。后足胫节背面内侧有刺3～4根。华北蝼蛄体型比非洲蝼蛄大，体长36～55毫米，黄褐色；

前胸背板心形凹陷不明显，后足胫节背面内侧仅有刺1根或消失。

非洲蝼蛄在北方两年完成1代，南方1年可完成1代，以成虫或若虫在冻土层以下、地下水位以上的土层中越冬。5月上旬至6月中旬是危害盛期。春季由于棚室地温较高，土壤疏松，有机质多，有利于蝼蛄活动，为害早而重。华北蝼蛄约3年1代，卵期22天，若虫期约2年，成虫期近1年，也以成虫和若虫在土中越冬。

两种蝼蛄都是昼伏夜出，晚9～11时为活动取食高峰。棚室浇水后活动更甚。蝼蛄具有趋光性和喜湿性，对甜物质和炒香的豆饼、麦麸、玉米面以及马粪等具有强烈的趋性。非洲蝼蛄多发生在低洼潮湿地区，华北蝼蛄多发生在轻盐碱低湿地区。非洲蝼蛄每头产卵60～100粒，华北蝼蛄可产288～368粒。

防治方法：利用灯光诱杀，对非洲蝼蛄效果最好。也可利用毒谷、毒饵诱杀。将15千克豆饼或棉籽饼、麦麸、玉米面炒香，或将15千克谷子、秕谷煮至半熟，稍晾干，加入50%辛硫磷乳油或25%辛硫磷微胶囊剂0.5千克，水0.5千克拌匀，做成毒饵或毒谷，每667平方米用药量2～3千克。还可用40%乐果乳油或90%晶体敌百虫0.5千克，加水5千克拌50千克炒香的饵料，每667平方米用药量1.5～2.5千克。毒饵可直接均匀施于土壤，或在播种、定植时施于沟中或穴中。发现蝼蛄为害时，可施于隧道口附近。此外还可用毒谷5千克，施于隧道口处。

99. 怎样防治地老虎？

地老虎又叫切根虫、截虫。各地都有发生，危害多种蔬菜。

幼虫咬断蔬菜秧苗近地面的茎部，使整株枯死，造成缺苗断垄。

地老虎属鳞翅目害虫，成虫体长16～23毫米，暗褐色。前翅由内横线、外横线将全翅分为3段，除具有显著的环状斑、剑状斑、肾状斑外，还有1个尖端向外的楔形黑斑，亚缘线内存两个尖端向内的楔形黑斑。幼虫黑褐色，老熟幼虫体长37～47毫米，体表粗糙，密布大小不等的黑粒。腹背各节有4个毛片，前两个比后两个小。腹部末节的臀板黄褐色，有对称的两条深褐色纵带。

成虫对黑光灯和糖、酒、醋混合液有强烈趋性，昼伏夜出，产卵以19～20时最盛。卵多产在灰菜、刺儿菜、小旋花等杂草幼苗叶背和嫩茎上，也有的产在番茄、辣椒等茎叶片上。每株雌虫可产卵800～1 000粒。幼虫6龄，1～3龄幼虫有假死性，受惊时蜷缩成环形。老熟幼虫潜入地下3厘米深处化蛹。

防治方法：早春清除菜田、地头、路边、渠旁的杂草，集中处理，消灭虫源。

成虫发生盛期，利用黑光灯、糖酒醋混合液诱杀。清晨捕捉幼虫。

幼虫1～2龄时可进行药剂防治，喷布20%杀灭菊酯乳油2 500～3 000倍液，或50%辛硫磷乳油1 000倍液，或者2.5%溴氰菊酯乳油3 000倍液，或90%晶体敌百虫1 000倍液，也可喷洒2.5%的敌百虫粉。

幼虫为害菜株地表茎部时，可用毒饵诱杀，方法同第九十八问防治蝼蛄部分。

100. 怎样防治鼠害？

近年来，不论露地还是保护地栽培，都常有老鼠为害，特别是日光温室多数为土墙，后屋面用农作物秸秆做箔，前屋面覆盖草苫，冬季大地封冻后更容易招致老鼠为害。

老鼠进入苗床咬食种子，咬断幼苗，定植后咬断秧苗，造成严重缺苗现象。

育苗时，提前消灭老鼠是最好的防治方法，定植后也要严加防治。用灭鼠药拌上粮食，老鼠不轻易取食，防效甚微。可先将几只老鼠切碎放入罐中，覆盖塑料薄膜发酵，取其汁液喷洒苗床四周，老鼠就不会进入苗床。另外，用 1605，3911 等具有恶臭味农药拌麦麸，撒到苗床周围，也能起到避鼠作用。

比较安全的方法是把玉米面炒香，拌上标号较高的水泥，堆放在老鼠容易出没的地方，下面铺薄膜防潮。因有香味无异味，老鼠爱取食，水泥被吃到老鼠胃里很快凝固，是灭鼠的有效方法。

利用灭鼠药消灭老鼠，把鼠药调和在浆糊里，涂在纸上，糊到老鼠洞口。老鼠出洞时咬开带药的纸，即被毒死。

后　记

本书封 2,封 3 照片除“保护地栽培冬瓜”一幅照片外,其余 7 幅引自刘宜生、吴肇志、王长林编著的《冬瓜南瓜苦瓜高产栽培》和刘宜生、宋世君、王贵臣编著的《怎样种好菜园(新编北方本修订版)》。谨表谢意。

绿叶菜类蔬菜制种技术	5.50 元
蔬菜高产良种	4.80 元
根菜类蔬菜良种引种指导	13.00 元
新编蔬菜优质高产良种	12.50 元
名特优瓜菜新品种及栽培	22.00 元
稀特菜制种技术	5.50 元
蔬菜育苗技术	4.00 元
豆类蔬菜园艺工培训教材	10.00 元
瓜类豆类蔬菜良种	7.00 元
瓜类豆类蔬菜施肥技术	6.50 元
瓜类蔬菜保护地嫁接栽培配套技术 120 题	6.50 元
瓜类蔬菜园艺工培训教材(北方本)	10.00 元
瓜类蔬菜园艺工培训教材(南方本)	7.00 元
菜用豆类栽培	3.80 元
食用豆类种植技术	19.00 元
豆类蔬菜良种引种指导	11.00 元
豆类蔬菜栽培技术	9.50 元
豆类蔬菜周年生产技术	10.00 元
豆类蔬菜病虫害诊断与防治原色图谱	24.00 元
日光温室蔬菜根结线虫防治技术	4.00 元
豆类蔬菜园艺工培训教材(南方本)	9.00 元
南方豆类蔬菜反季节栽培	7.00 元
四棱豆栽培及利用技术	12.00 元
菜豆豇豆荷兰豆保护地栽培	5.00 元
图说温室菜豆高效栽培关键技术	9.50 元
黄花菜扁豆栽培技术	6.50 元
番茄辣椒茄子良种	8.50 元
日光温室蔬菜栽培	8.50 元
温室种菜难题解答(修订版)	14.00 元
温室种菜技术正误 100 题	13.00 元
蔬菜地膜覆盖栽培技术(第二次修订版)	6.00 元
塑料棚温室种菜新技术(修订版)	29.00 元
塑料大棚高产早熟种菜技术	4.50 元

以上图书由全国各地新华书店经销。凡向本社邮购图书或音像制品,可通过邮局汇款,在汇单“附言”栏填写所购书目,邮购图书均可享受9折优惠。购书30元(按打折后实款计算)以上的免收邮挂费,购书不足30元的按邮局资费标准收取3元挂号费,邮寄费由我社承担。邮购地址:北京市丰台区晓月中路29号,邮政编码:100072,联系人:金友,电话:(010)83210681、83210682、83219215、83219217(传真)。